DATANMI ZHILU
大探秘之旅

认识大堡礁
RENSHI DABAOJIAO

知识达人 ◎ 编著

成都地图出版社

图书在版编目（CIP）数据

认识大堡礁/知识达人编著．—成都：成都地图出版社，2017.1（2021.10重印）
（大探秘之旅）
ISBN 978-7-5557-0465-2

Ⅰ．①认… Ⅱ．①知… Ⅲ．①大堡礁—普及读物 Ⅳ．① P737.2-49

中国版本图书馆 CIP 核字 (2016) 第 210479 号

大探秘之旅——认识大堡礁

责任编辑：吴朝香
封面设计：纸上魔方

出版发行：成都地图出版社
地　　址：成都市龙泉驿区建设路 2 号
邮政编码：610100

印　　刷：固安县云鼎印刷有限公司
（如发现印装质量问题，影响阅读，请与印刷厂商联系调换）

开　　本：710mm×1000mm　1/16
印　　张：8　　　　　　　　字　　数：160 千字
版　　次：2017 年 1 月第 1 版　印　　次：2021 年 10 月第 4 次印刷
书　　号：ISBN 978-7-5557-0465-2
定　　价：38.00 元

版权所有，翻印必究

主人翁简介

卡尔大叔：华裔美国人，幽默风趣、富有超人智慧，喜欢旅游，考察世界各地的人文、地理、动物、植物。

尤丝小姐：华裔美国人，卡尔大叔的助理，细心、文雅。

史小龙：聪明、顽皮、思维敏捷，总是会有些奇思妙想，喜欢旅游。

主人翁简介

帅帅：喜欢旅行的小男孩，对探索未知领域充满了兴趣。

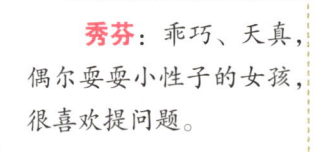

秀芬：乖巧、天真，偶尔耍耍小性子的女孩，很喜欢提问题。

目录

第一章　世界上最大的珊瑚礁群　1

第二章　谁是第一个发现大堡礁的人　9

第三章　建造大堡礁的"工匠"——珊瑚虫　18

第四章　大堡礁的海洋生物们　27

第五章　身形千姿百态的珊瑚　34

第六章　珊瑚虫排卵之谜　41

第七章　大堡礁上的森林　46

第八章　恐怖的箱型水母　52

第九章　小心！海毒蛇　58

第十章　鸡心螺和蓝环章鱼　65

第十一章　会杀人的毒海绵　72

第十二章　"名声不好"的棘冠海星　79

第十三章　濒危物种——座头鲸　86

第十四章　人类的活体屏障　94

第十五章　大堡礁上的居民　100

第十六章　发达的旅游事业　107

第十七章　美丽的圣灵群岛　114

第一章

世界上最大的珊瑚礁群

秀芬、史小龙和帅帅最近了解了一点珊瑚方面的知识。

放学后，秀芬拉着史小龙问："小龙，你知道珊瑚到最后都变成什么了吗？"

"变成好看的珊瑚礁了呀！"史小龙得意地说，"我家里就有一块，很大很漂亮！"

秀芬又问："那你知道最大的珊瑚礁有多大吗？"

史小龙摇摇头。

帅帅想了想，指着一栋房子说："应该有那么大吧？"

"那才多大一点儿啊，世界上最大的珊瑚礁群——澳大利亚大堡礁那才大呢。"秀芬继续说，"我们去找卡尔大叔吧，他那里有许多大堡礁的资料。"

三个孩子来到卡尔大叔家，讲明来由后，尤丝小姐打开电脑，卡尔大叔指着电脑屏幕给他们讲起了世界上最大的珊瑚礁群——大堡礁。

大堡礁位于南太平洋澳大利亚东海岸的珊瑚海西部，南至南回归线南的弗雷泽岛，北靠托雷斯海峡，沿着澳大利亚东北海岸线绵延2000多千米，最宽的地方约161千米。这片巨大的珊瑚礁带北端离海岸线仅约16千米，南端却远离海岸线约241千米，有约2900个大小不同的珊瑚礁岛，遇到落潮的时候许多长期躲藏在海面以下的礁体也会浮出水面，形成巨

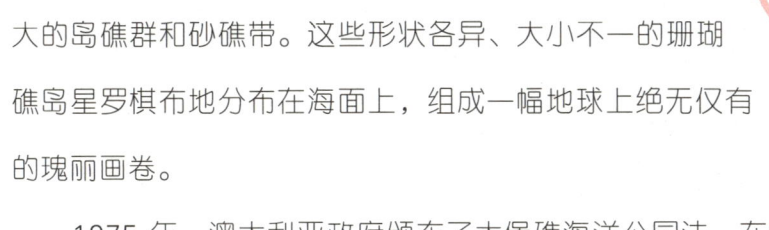

大的岛礁群和砂礁带。这些形状各异、大小不一的珊瑚礁岛星罗棋布地分布在海面上，组成一幅地球上绝无仅有的瑰丽画卷。

　　1975年，澳大利亚政府颁布了大堡礁海洋公园法，在大堡礁上建立起世界上最大的海洋公园——大堡礁海洋公园。这个公园涵盖了大堡礁98.5%的海域，面积达到345000平方千米，甚至比英国和爱尔兰两国的面积之和还要大。1981年大堡礁被列入世界自然遗产名录，这成为澳大利亚人的骄傲。大堡礁风景宜人，然而水势凶险，这是因为水中隐藏着巨大的珊瑚礁，要是贸然驾船驶进大堡礁，十之八九会命丧海底。也正因如此，大堡礁才没有遭到人类的大肆破

坏，一直保持着热带海域所特有的自然面貌。生物学家最喜欢到大堡礁做研究，因为这里物种繁多，是别的地方不能比的。大堡礁里的珊瑚礁种类超过400种，世界上大约三分之一的软珊瑚都在这里繁衍生息。

要知道大堡礁里的生物可不是只有珊瑚礁哟！这里的物种十分丰富，海底生活着5000多种生物，比如海星、海绵、鸡心螺等，露出海面的岛礁上植被丰富，还有热带雨林呢。在热带雨林中生活着200多种鸟类，还有各种植物、动物。总之，大堡礁是很多生物的乐园。更重要的是，这里还有许多别的地方所没有的生物物种，比如说已经濒危的儒艮和巨型绿龟。

　　大堡礁里长期露出海面的岛屿超过600多座，这其中最出名的要数绿岛、磁石岛、海伦岛、琳德曼岛、芬瑟岛、丹客岛、哈密顿岛和蜥蜴岛这8座岛屿了。这里的数千座珊瑚礁岛，其实都是海底高山的山峰，在海水退潮的时候才会露出水面。这些海底岛礁由各式各样的珊瑚礁组成，要是有机会乘坐直升机，从上往下俯瞰整个大堡礁，就能清楚地看到这些珊瑚礁岛就像是一朵朵巨大的、色彩多姿的花朵，生长在这片美丽的海域里。大堡礁海底的珊瑚礁色彩缤

纷，常见的有粉色、红色、黄色、绿色和紫色。此外，这些颜色艳丽的珊瑚礁姿态和风格也各不相同，有的形似迎风而开的红梅，有的又和开屏的孔雀不相上下；有的纤细弯曲如同鹿角，有的浑圆硕大如同蘑菇；有的雪白如同飞霜，有的又碧绿如同翡翠……

总之，珊瑚礁的形态各异，色彩斑斓，组成一幅令人叹为观止的艺术画卷。在这幅巨大的艺术画卷之中又穿梭游弋着数不胜数的珍稀动物，红色的大海星在珊瑚丛里慵懒地爬行，形状怪异的蝴蝶鱼在海水里肆意穿梭，巨大的绿海龟和石头鱼躲藏在珊瑚礁里。自然景观特殊的大堡礁，无论是海底的景色还是海面上的风光，都让游客喜爱，因此，大堡礁成为世界文明的观光旅

游胜地。那些长期露出海面的岛礁，有的挨得很紧密，有的又隔得很远；有些环礁还环抱着泻湖，不论礁外的风浪多大，礁内的泻湖都水平如镜。经过长时间的积累，裸露在海面之上的珊瑚岛上形成一层厚厚的泥土，这层营养丰富的土层上生长着许多种热带植物。

在大堡礁的海岛上最为多见的是挺拔的棕榈和椰子树，它们和遍布在地面上的热带藤蔓植物一起，组成郁郁葱葱的海上森林。这些"森林"是数百种海鸟的生活乐园，每到繁殖季节，就能见到遮天蔽日的海鸟群在大堡礁上空飞翔，为大堡礁的旖旎风光增添生机。

知识百宝箱

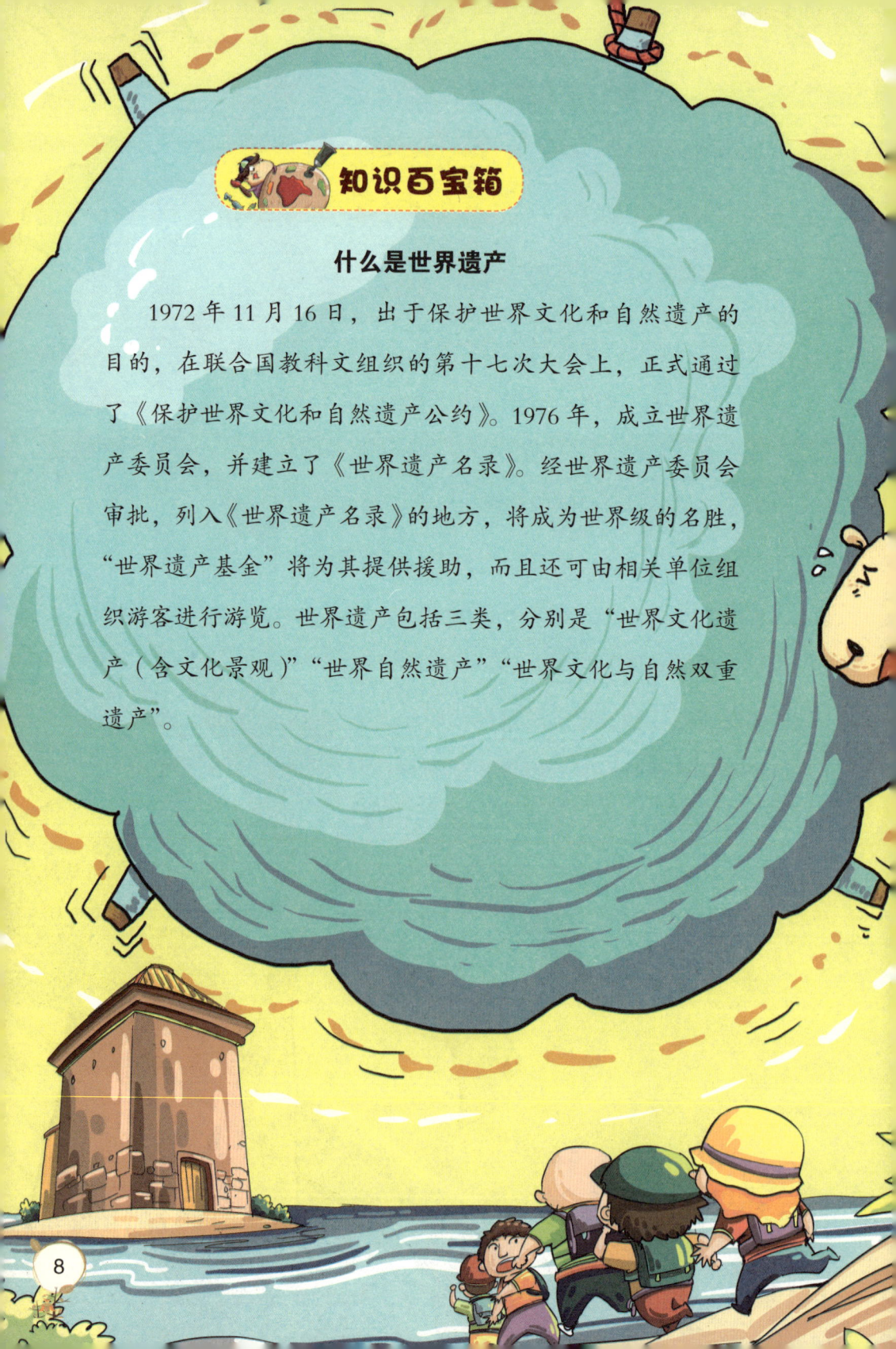

什么是世界遗产

1972年11月16日，出于保护世界文化和自然遗产的目的，在联合国教科文组织的第十七次大会上，正式通过了《保护世界文化和自然遗产公约》。1976年，成立世界遗产委员会，并建立了《世界遗产名录》。经世界遗产委员会审批，列入《世界遗产名录》的地方，将成为世界级的名胜，"世界遗产基金"将为其提供援助，而且还可由相关单位组织游客进行游览。世界遗产包括三类，分别是"世界文化遗产（含文化景观）""世界自然遗产""世界文化与自然双重遗产"。

第二章 谁是第一个发现大堡礁的人

第一个登上大堡礁的人？

帅帅跟史小龙又争论了起来，秀芬不知道这俩人怎么那么喜欢争论，她过去问："你们又在讨论什么问题，怎么这么激烈啊？"

帅帅认真地指着地理书上的照片说："我说第一个发现大堡礁的人来自欧洲，小龙总是不相信。"

小龙反驳说："大堡礁就在澳大利亚边上，当然是澳洲本地居民先发现的呀。"

秀芬歪着脑袋想了想，也想不出来他俩谁对谁错，于是拉着帅帅和史小龙跑去问卡尔大叔："卡尔大叔，你知道第一个登上大堡礁的人是谁吗？"

"这就不好说了，有人说是澳洲土著人，有人说是欧洲人，也有人说是亚洲人。不如我们一起看看资料。"卡尔大叔满脸笑意地说。然后，他请尤丝小姐打开电脑，调出大堡礁的资料。

到底谁才是第一个发现大堡礁的人呢？这个问题似乎也难住了科学家们。经过不懈的探索和研究，澳洲本地的历史学家找到了一些有用的线索。他们在大堡礁周边的土著村落发现不少几个世纪前的手稿。手稿里记载着最先发现大堡礁的历史人物，有的手稿上写的是澳大利亚土著居民最先发现

了大堡礁，有的手稿上写的是欧洲人最先发现了它。比如说大堡礁对面的昆士兰州沿海地区就是由欧洲人率先发现，不过这里最早被欧洲人发现，却又是最晚才被欧洲人占领，不得不说是个怪事了。

传说，葡萄牙在1522年曾派出探险队抵达澳洲东海岸。当时领导这支葡萄牙探险队的人叫克里斯托弗·德门东卡。他是个名气不算太大的航海家和政治家，长期活跃在东南亚一带。但没有资料能够证明是德门东卡首先登上了昆士兰州，所以更多人认为首先抵达澳洲的是荷兰人威廉姆·简士。

荷兰人威廉姆·简士在1606年3月驾驶"杜伊夫根号"大船围绕约克半岛西岸航行了一圈，并通过这次航行绘制了约克半岛西岸的海图。这张海图的出现，立即掀起了荷兰人在澳大利亚海域的探险狂潮，并且这次探险狂潮持续了整整40年。

等到荷兰人探索澳洲的兴趣慢慢消失后，西班牙人又来了兴致。其中值得一提的就是西班牙著名航海家托勒斯，他曾带领航队沿巴布亚新几内亚南部海岸从东往西航行，途中穿过了一个海峡，并发现了分布在这个海峡当中的部分岛屿。后来这个海峡就以托勒斯的名字命名，也就是我们今天看到的澳洲东岸的托勒斯海峡。

虽然那些来澳洲探险的先驱都曾发现了澳洲大陆，不过真正对大堡礁进行正式记载的是法国人布干维尔。

1768年6月6日，布尔维尔率领着"拉波德尤斯号"和"埃托瓦勒号"两艘航船，由东边驶抵澳大利亚海域，当时挡住他们航线的就是库克镇附近的一块岛礁，如今这块岛礁被命名为布干维尔岛礁。不过可惜的是，因为当时附近的海域刮起了大风，加上供给不足，布干维尔很快就改变航向，沿着新几内亚北岸往亚洲驶去，因而错过了世界上最美丽最庞大的活体岛礁——大堡礁。但是，这两艘船上的人都对布干维尔岛礁的情况进行了详细的记载，为后人真正发现大堡礁埋下了伏笔。

两年后，詹姆斯·库克驾驶"奋进号"，沿着澳大利亚东海岸航行，因为他的航线离海岸很近，所以一路上

可以看到不少的礁岩。

不过，这些礁岩并未引起库克船长的注意，他决定继续往前航行，希望能发现新的地方。但事与愿违，1770年6月11日，"奋进号"在离大堡礁很近的地方触礁，库克船长不得不停止航行，在库克镇附近的海岸进行修整。工人整整花了6个多星期的时间才修好触礁的船只。

正是因为有了这漫长的6个多星期的时间，库克带过来的植物学家约瑟夫·班克斯和丹尼尔·索南德尔才有机会对海岸附近的礁岩进行考察和研究。在4名绘图师的协助下，两位植物学家在附近海域发现了越来越多的礁岩，这些礁岩星罗棋布地排列在蔚蓝色的大海之中，呈现出一幅令人难以忘怀的美景。他们赶紧命令绘图师绘制了这片礁岩的地图。这就是人类史上的第一张大堡礁地图。

库克船长和两位植物学家并没有看到大堡

礁的全貌，因为它的面积实在太大了。加上大堡礁里面的岛礁错综复杂，库克船长找不到穿过这道天然屏障的航道。于是，他率领航队往北行驶，并登陆了蜥蜴岛。站在蜥蜴岛的制高点，库克这才得以一窥大堡礁全貌，最终找到一条能够让"奋进号"通过的航道，这条狭窄而弯曲的航道就是我们现在所说的"库克航道"。从此，来自世界各地无数的人们通过这条由库克船长开辟的航道来探索大堡礁。

1793年，班普船长率领"霍姆兹尔号"和"切斯特菲尔德号"来到大堡礁托勒斯海峡，他们在这一带进行了很长时间的研究，得到了大堡礁最宝贵的第一手资料。随后，更多探险家参与进来，这些探险者都是为了占领澳洲领土而开辟更好的军事航道，同时也为专家学者进入大堡礁进行科研探索开辟出很好的路线。

英国皇家海军船长马修·弗林德斯是大堡礁众多勘探者中的佼佼者。1801年到1803年之间，马修·弗林德斯对广阔的澳大利亚东海岸进行了详细调查，并亲自踏上大堡礁各处岛屿，发现了许多新的地区并为它们命名。

那时，声波测量海水深度的方法还没有出现，马修·弗林德斯只能依靠最原始的方法开辟航道。他驾驶小舟穿梭在大堡礁之中，最后绘制出安全的航道。如今，这条航道仍在使用之中，就是我们所说的

"弗林德斯航道"。此后，航海技术飞速发展，19世纪初，航海家菲利普·帕克金分别于1817年和1820年，先后指挥"美人鱼号"和"巴瑟斯特号"两艘船抵达澳大利亚大堡礁，对大堡礁及周边海域进行了系统的研究和调查，还测量了大堡礁北部的大部分礁体，最终绘制出详细而精确的大堡礁海图。

弗林德斯航道

大家或许都认为库克船长是第一个踏上大堡礁的人，不过现在有人在大堡礁深处发现30多艘远古沉船，这些船沉没的时间比库克船长抵达大堡礁的时间要早得多。所以，到底是谁第一个发现大堡礁尚无法定论，还需我们去探索和研究。

　　虽然无法确定首批抵达大堡礁的人是谁，但随着科学技术的快速发展，我们得以进入大堡礁最深处，渐渐揭开大堡礁的神秘面纱。如今，它已经成为地球上最值得一去的旅游胜地了。不仅如此，大堡礁还成为医学、生物、化学、物理等各方面学者心中向往的地方。他们希望在这里研究岩礁的构成、探测未被发现的物种、研究珊瑚虫与周围环境的关系等。

知识百宝箱

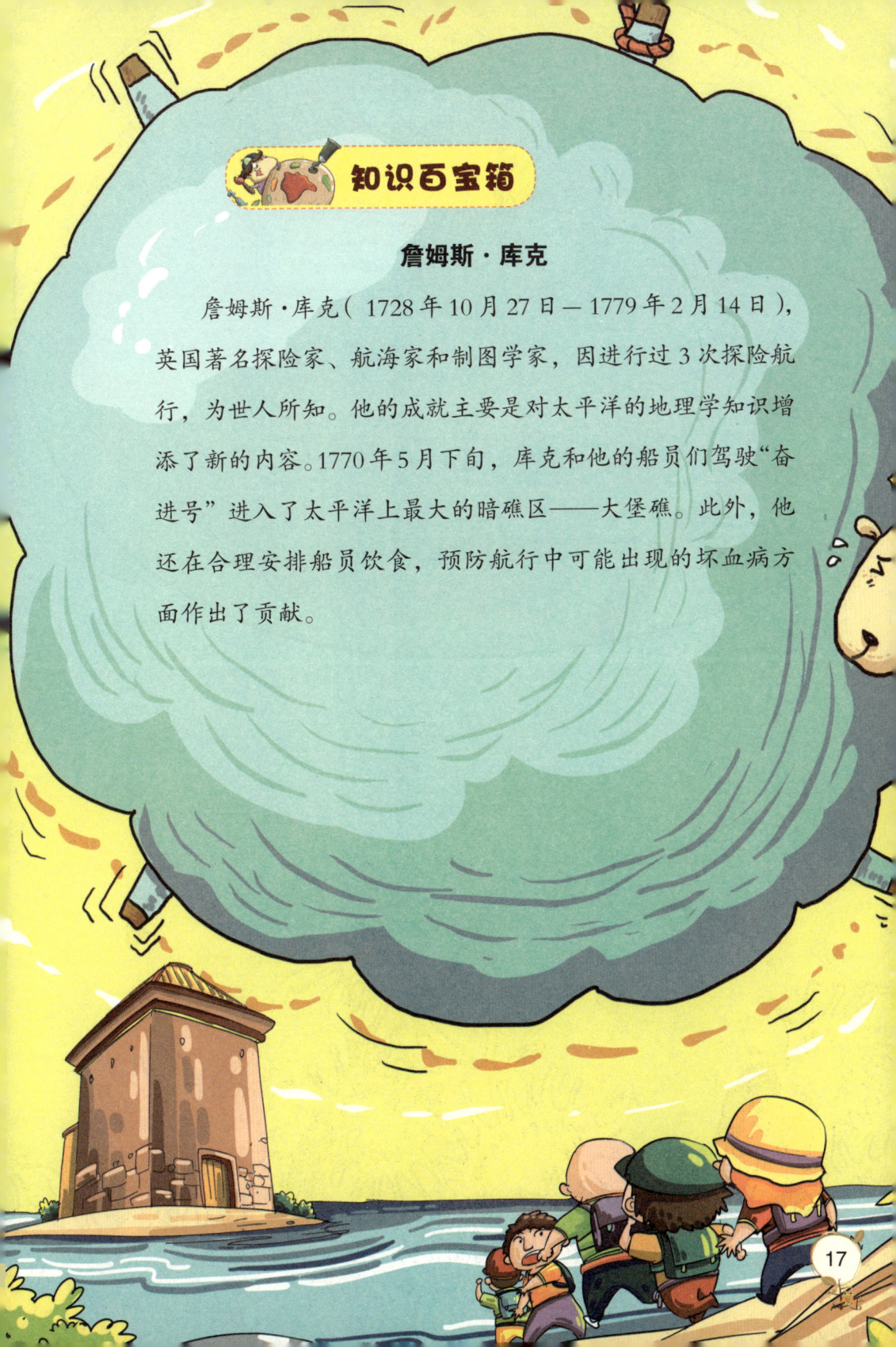

詹姆斯·库克

詹姆斯·库克（1728年10月27日—1779年2月14日），英国著名探险家、航海家和制图学家，因进行过3次探险航行，为世人所知。他的成就主要是对太平洋的地理学知识增添了新的内容。1770年5月下旬，库克和他的船员们驾驶"奋进号"进入了太平洋上最大的暗礁区——大堡礁。此外，他还在合理安排船员饮食，预防航行中可能出现的坏血病方面作出了贡献。

第三章

建造大堡礁的"工匠"——珊瑚虫

秀芬听了卡尔大叔的讲述之后，又想到一个新问题："那么巨大的珊瑚礁群是如何形成的呢？"

史小龙赶紧抢着说："当然是地壳运动啦，很多岛屿都是这样形成的。"

帅帅不同意史小龙的观点："依我看，肯定不是地壳运动造成的。"

这时，细心的尤丝小姐拿着一块珊瑚标本对他们说："想想看，它是怎么形成的？"

"哦，"史小龙恍然大悟道，"是珊瑚虫。"

秀芬有些怀疑地问卡尔大叔："珊瑚虫那么小，是怎么'建造'出大堡礁来的呢？"

卡尔大叔笑着说："不用怀疑，'建造'出大堡礁的'工人'就是那些微小的珊瑚虫。"

最开始，科学家也以为大堡礁是由地球地壳运动产生的，毕竟地壳运动在地球上创造了东非大裂谷和喜马拉雅山，"建造"出大堡礁应该也是可能的。所以，大家都纷纷往地壳运动这个方面进行探索。

通过研究大堡礁海底岩石的构造，科学家得出，大堡礁所在海域的大陆架原先是位于海面以上的，不过随着地壳活动的出现，自中新世时期开始，

这片陆地数次下沉和上升，所以才造成大堡礁海底出现多级阶地。大堡礁大陆架在露出海面的数万至几十万年间受到风雨侵袭，形成错综复杂的侵蚀地貌，许多沟壑和谷地就出现了。不过，这些研究只能证明大堡礁所处的大陆架经历了许多次地壳运动，却无法证明那些点缀在海洋深处、色彩斑斓的珊瑚岛礁出自地壳运动之"手"。接着，生物学家出马了，他们一下子就找到了"建造"大堡礁的"伟大工匠"。

令许多人无法相信的是，完成这项"巨大工程"的"建筑师"居然是直径只有数毫米大小的珊瑚虫。珊瑚虫是什么东西呢？

珊瑚虫是一种体积微小的腔肠动物，被科学家称为"活化石"。可不要小看了这些小家伙，大约在 4.7 亿年前的古生代奥陶纪中期，它们就在地球上繁衍生息。珊瑚虫色泽艳丽，拥有玲珑剔透的身体。它们虽然微小如蜉蝣，但对生存环境却十分挑剔，只能生活在水温维持在 22℃到 28℃之间的水域里，而且这片水域要富含浮游生物，且不能出现过多的杂质，海水必须非常干净，透明度也要很高。澳大利亚东北岸外大陆架海域中的海水完全能满足大量珊瑚虫在这片海域繁衍生息。因为珊瑚虫的食物是海水中的浮游生物，这些浮游生物又富含石灰质，所以珊瑚虫能分泌出石灰质骨骼。

　　珊瑚虫另外一个重要特点就是喜欢群体生活。年老体衰的珊瑚虫死后留下遗骸，新生的珊瑚虫就在其遗骸上继续繁衍生息，它们就像是植物的新芽，不停地汲取周围的营养物质，向四周蓬勃发展。如此年复一年，日复一日，在经过数万年的发展壮大之后，珊瑚虫所分泌出的石灰质骨骼将其他海洋生物的遗骸和吸附在周围的海藻一股脑黏合在一起，堆积成一个个珊瑚礁体，大堡礁就是由这些珊瑚礁体组成的。如今我们能轻易地看到这片广袤的海洋珊瑚礁群，可别忘了微小的珊瑚虫所作出的伟大贡献，要知道，这是一个多么庞大的工程。

　　生物学家研究发现，珊瑚虫在最适宜生存的环境下，制造礁体

的速度最快，但每年也不过增厚 3 厘米到 4 厘米。而大堡礁里面的岩礁有的厚达数百米，可见珊瑚虫在这里历经了多么漫长的一段岁月。

珊瑚虫之所以能够在澳大利亚东北海岸以外的海洋中蓬勃生长，"建造"出高达数百米的珊瑚礁，还有一个重要的原因，那就是这一地带特殊的地质构造。地质学家研究发现，大堡礁所处大陆架在远古时期曾经历过缓慢的下沉，大陆架的下沉导致珊瑚虫拼命往上生长，因为它们需要足够多的阳光和浮游生物。

此外，新生的珊瑚虫依附在石灰质残骸里生长时需要一个友好的帮手，它就是与珊瑚虫共生的虫黄藻。

虫黄藻是一种微生物，它会通过光合作用把海水里的二氧化碳和水合成为碳水化合物，珊瑚虫生长的时候恰恰需要这些碳水化合物。作为回报，珊瑚虫排泄出硝酸盐之类的物质供虫黄藻生长。

珊瑚虫全身长满触须，它就是用这些触须捕食浮游生物的。当这些色彩缤纷的触须一同张开的时候，我们就会发现，珊瑚虫看上去就像一朵怒放的鲜花。

知识百宝箱

什么是腔肠动物

　　腔肠动物是指一大类水生动物，腔肠动物的身体中央生有空囊，整体看上去，呈钟形或伞形。它的触手上长有成组的叫作刺丝囊的刺细胞，非常敏感。一旦碰到可以吃的东西，触手末端带毒的细线就会从刺丝囊中伸出，刺入猎物体内，将其麻痹或杀死。腔肠动物结构简单，有口而没有肛门。

　　腔肠动物分为有刺胞类（水螅纲、钵水母纲、珊瑚纲）和无刺胞类（栉板类或栉水母类）2个亚门，大约有10 000种。它们大多数生活在海水中，少数几种生活在淡水中。

第四章
大堡礁的海洋生物们

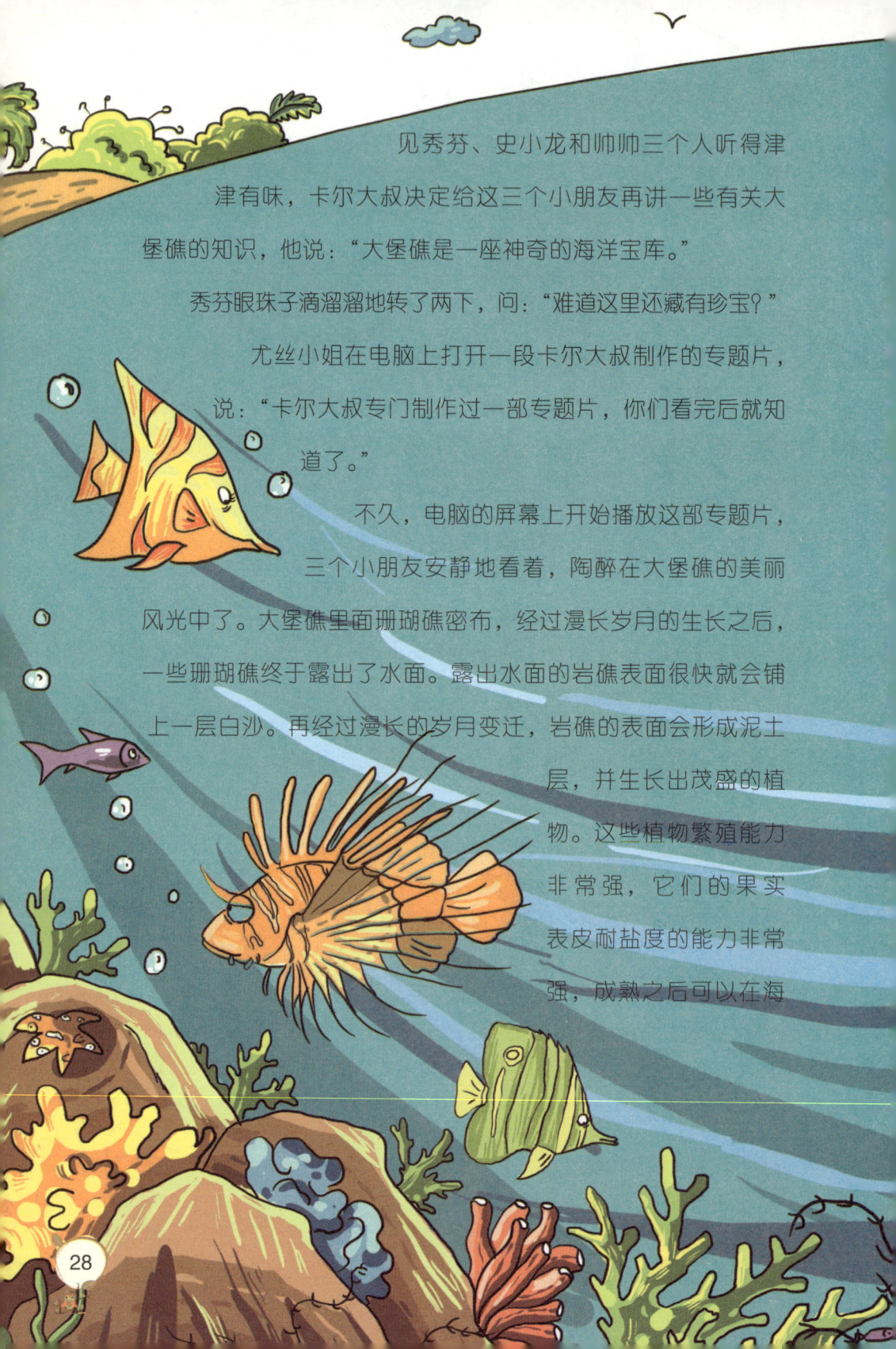

见秀芬、史小龙和帅帅三个人听得津津有味，卡尔大叔决定给这三个小朋友再讲一些有关大堡礁的知识，他说："大堡礁是一座神奇的海洋宝库。"

秀芬眼珠子滴溜溜地转了两下，问："难道这里还藏有珍宝？"

尤丝小姐在电脑上打开一段卡尔大叔制作的专题片，说："卡尔大叔专门制作过一部专题片，你们看完后就知道了。"

不久，电脑的屏幕上开始播放这部专题片，三个小朋友安静地看着，陶醉在大堡礁的美丽风光中了。大堡礁里面珊瑚礁密布，经过漫长岁月的生长之后，一些珊瑚礁终于露出了水面。露出水面的岩礁表面很快就会铺上一层白沙。再经过漫长的岁月变迁，岩礁的表面会形成泥土层，并生长出茂盛的植物。这些植物繁殖能力非常强，它们的果实表皮耐盐度的能力非常强，成熟之后可以在海面上漂浮数月都不会腐烂。这些果实漂流到其他岩礁上后，里面的种子就会在那里生根发芽，长成茂盛的大树。后来，成群结队的海鸟来到这些岩礁上，它们的粪便使贫瘠的岩礁土层逐渐变得肥沃起来，鸟儿们携带过来的其他植物种子也开始适应岩礁上的土壤。渐渐的，大堡礁里的岩礁上开始生长出郁郁葱葱的热带植物，成群的鸟类开始在大堡礁安家。聚集在这里的鸟类超过 240 种，常见的有黑燕鸥、燕鸥、海鸥、军舰鸟、鲣鸟、䴉和大海雕，它们成群结队地生活在大堡礁的珊瑚礁上面。

  因为海底的暗礁错综复杂，人们没有贸然去探索，所以大堡礁海底丰富的物产没有遭受到人类的暴力掠夺。在岩礁群的保护下，大堡礁海域的绝大多数生物物种得以保全。这里的海水里，生活着超过 1500 种热带鱼类，这里有其他地方看不到的蝴蝶鱼，有外表非常华丽的雀鲷和狮子鱼，也有行为诡异的印头鱼和石鱼。

  被岩礁包围起来的潟湖则是龟类和蟹类的避风港。这里的湖面不受海浪的影响，所以常年风平浪静，清澈的海水里生长着许多说不出名字的软体动物和鱼类。潟湖外侧的沙滩经受着海浪的拍打，每当潮水褪去，白色的沙滩上就会安静地躺着柔软的无壳蜗牛、闪烁着光芒的小贝壳、长着血红斑点的螃蟹以及还没来得及跑回海里的大龙虾……这些场景如今只能在位于大堡礁深处的沙滩上才能看到了。

大堡礁的外围生活着许多大型海洋生物，如比小皮艇还大的海龟、能称霸海洋的大鲨鱼、姿态优美的海鳐等。夏天，海龟会爬上大堡礁的沙滩产卵，8个星期之后，成千上万只小海龟就从炎热的沙滩中孵化出来，它们拥挤着、争先恐后地爬回大海。途中，小海龟会遇到许多虎视眈眈的天敌，有在沙滩上寻觅食物的老鼠和螃蟹、有盘旋在附近的海鸥。等小海龟们终于艰难地抵达大海，它们还要面临一群凶残的大白鲨和虎鲨的追杀，因此能够存活，并顺利长大的小海龟数量并不多。

许多濒临灭绝的海洋生物把大堡礁当成了安乐窝，比如说儒艮。儒艮属于海洋生物海牛目，是海牛目中唯一一种仍然生活在太平洋和印度洋的物种，同时它也是海洋中唯一以植物为食的哺乳动物。

儒艮体长约3米，呈纺锤形，体重在300至500千克之间，其皮肤上长有稀疏的短毛。儒艮的祖先是陆生草食动物，进

入海洋之后它们仍然保持着以植物为食的习惯。儒艮生活在海草茂盛的浅海区，性情温顺，2至3头儒艮会组成一个家庭生活在一起。除了定期浮出水面进行呼吸之外，儒艮会长时间隐蔽在海草区底部。成年儒艮体态丰满，因为乳头臃肿而常被古时候的水手误认为是"美人鱼"。儒艮肉质鲜美、营养丰富并且含有大量油脂。

此外，儒艮的皮肤坚韧，可以制成上等皮革。所以在很长一段时间内，儒艮遭到人类的大肆捕杀，一度濒临灭绝。如今，经过环保人士的不懈努力，儒艮的数量有所增加，在澳大利亚东北海岸大约生存着85000头儒艮。如果运气好的话，每年的10月至次年3月，人们能够在大堡礁雷恩岛附近看到儒艮的身影。

大堡礁海域也是软体动物和棘皮动物的乐园，这里生长着4000多种棘皮动物和软体动物。例如，海星、海参、海绵

蠕虫、海葵、海蜇、海鞘、水母、海胆、管虫等。这些软体动物和棘皮动物种类繁多，颜色各异，外形也是各具特色，而它们所排泄出来的沙粒和碎贝壳能够填满珊瑚上的裂缝，使珊瑚礁更为坚固。生活在珊瑚丛中的鱼类懂得用颜色保护自己，它们能调动身上的每一个细胞，变幻出各种各样的颜色，或用来求偶，或用来警告敌人，或用来伪装。比如，宝贝鱼和珊瑚鳟身上的颜色就能很好地与珊瑚的颜色交融在一起；神仙龟身上布满的色彩鲜明的花纹，就是用来警告其他动物不要闯进自己的领地的；还有喜欢在沙子里钻洞的斑彩鳗，它的皮肤颜色能够随着周围的环境而改变。

这些海洋鱼类的自我保护技能多种多样，它们的觅食方法也各不相同，并且十分有趣。例如，长期躲在岩石附近的石鱼，其皮肤颜色和岩石的颜色相差无几，常常能

够骗过从眼前游过的猎物，等到猎物误闯进它的猎食范围，它就会用身上的毒刺将其杀死。不过，有一种鱼却不会受到攻击，那就是清扫隆头鱼，这种鱼会捕捉其他鱼身上的寄生虫，还能帮其他鱼类清理伤口。

大堡礁中的珊瑚群形态各异，生态环境也不尽相同，成千上万种生活习性各不相同的海洋生物都把这里当作理想的家园。大堡礁丰富的物种资源正得益于此，和谐而平衡的生态环境使它成为名副其实的海洋宝库。

第五章

身形千姿百态的珊瑚

史小龙吃力地把爸爸买回来的那块珊瑚标本搬过来，对秀芬说："看吧，这就是珊瑚，五颜六色的，多好看。大堡礁的珊瑚都是这样的。"

帅帅嘟着嘴说："这只不过是一块石头而已，才没有大堡礁的珊瑚好看。"

秀芬也很赞同帅帅的说法，气得史小龙直跺脚。这时尤丝小姐走过来，她小心翼翼地帮史小龙把那块珊瑚放在一旁，然后说："这可是很贵重的珊瑚标本哦，千万别摔坏了。"

"嗯，尤丝说得不错，这是个不错的装饰品。"卡尔大叔说，"不过要说好看的珊瑚还得是大堡礁的，我认为只有大堡礁的珊瑚才算得上世界上最漂亮的珊瑚。"

卡尔大叔把他们的目光引向大屏幕，里面正播放着有关大堡礁海底珊瑚群的内容。大堡礁大约形成于中新世时期，距今 2500 多万

年,那些由珊瑚虫历经几千万年形成的巨大珊瑚群,就像一片广阔而茂盛的海底热带森林。而形态各异的珊瑚则成了这片"热带森林"里的"树木",不计其数的鱼类和软体动物在这片奇异的"森林"里生生不息。透过清澈透亮的海水,我们能够很清晰地看见这些海底"树木"随着流动的海水左右摇摆。

不过,大堡礁的珊瑚群没有森林那么整齐,每一个珊瑚的形态都和其他珊瑚不同,它们有的像戈壁荒滩里的仙人掌,有的像随风摇摆的树枝,有的又像迎风绽放的花朵。最为奇妙的是，它们不像陆地森林那样整齐划一地显现出浓郁的绿色，而是每一片甚至每一个珊瑚的颜色都不相同，大堡礁的珊瑚群最吸引人的地方莫过于此了。

　　珊瑚本身的颜色没有我们所看到的那样复杂，之所以变得五颜六色，主要的功劳要算在珊瑚虫头上。珊瑚虫居住在珊瑚表面的小洞里面，它们靠吸食海水里的浮游生物和碳水化合物生存，因所食养料的结构不同而呈现出不同的颜色，当这些不同颜色的珊瑚虫堆满珊瑚表面的时候，我们就会发现珊瑚已经变得那样绚丽夺目。所以，珊瑚的颜色其实就是珊瑚虫的颜色。

　　软珊瑚在水下看起来更加晶莹透亮，相较于硬珊瑚，它们的颜色更加绚烂。因为没有骨轴，软珊瑚非常柔软，能随着海水的流动而飘动，它们有的

呈碟状，一层层堆叠出巨大的花朵，红的、黄的、紫的，让人眼花缭乱；有的呈带状，像迎风飘动的旌旗；有的像很长的狗尾巴草，毛茸茸的，泡在透明的海水里，煞是好看；有的又像一簇簇火焰，拥簇在一起形成一大片火红的珊瑚群。总之，这些珊瑚的形态我们根本无法用语言进行描述，留给我们的只有惊叹。色彩艳丽的软珊瑚是建造珊瑚礁及水下花园的重要物种之一。

软珊瑚摸起来非常舒服，硬珊瑚则显得刚劲有力，因为它们的身体几乎都是由矿物质构成，珊瑚虫只附着在它们的表面上。随着珊瑚虫的繁衍生息，它们的身体会日益增大，渐渐堆砌成庞大的礁石，大堡礁里的岩礁就是这样形成的。

我们见到最多的是鹿角珊瑚。它硬邦邦的，就像是已经凝结了的水泥棍一样。这些坚硬的鹿角珊瑚成片成片地生活在一起，它们能够塞满海底山崖的每一块地方，像是布防在海底的工事，小心翼翼地守护着每一寸领土。假如你有机会去大堡礁海底潜水，在遇到这些外表亮丽、形状奇特的鹿角珊瑚时，可千万不要随意触碰它们，如果你非要跟它们进行亲密接触的话，一定要注意躲开它们的"鹿角"，因为这些"鹿角"非常尖利，很容易就能把你刮得皮开肉绽。

　　硬珊瑚当中不乏艳丽多姿的代表，比如说玫瑰珊瑚。在大堡礁海域水深 15 米至 20 米的地方，我们能够很轻易地发现这类珊瑚。玫瑰珊瑚周身遍布着像海葵一样的波浪形触手，这些触手上有毒性很强的刺细胞，所以它们周围很少有其他种类珊瑚生存。它们颜色丰富，有白色、粉色、绿色、棕色、红色等。当玫瑰珊瑚全部展开之后，我们就会发现，原先蜷缩成一团、其貌不扬的珊瑚立即变成一朵盛开的"玫瑰"了。玫瑰珊瑚是最受人们喜欢的珊瑚之一，如今，越来越多的人花重金把它们买回去，悉心养殖在水箱里。

　　"比方说小龙搬来的这块珊瑚，就属于硬珊瑚里的玫瑰珊瑚啦。"卡尔大叔说，"有机会，我一定会带你们去大堡礁一探究竟的。"

知识百宝箱

中新世是一个什么样的时期

中新世是地质年代新近纪的第一个时期，开始于2300万年前到533万年前，介于渐新统和上新统之间，是由查理斯·莱尔命名的。

根据哺乳动物的状况，中新世可划分为三个时期：一、早中新世，是残存的、高度特化的早第三纪分子和少量晚第三纪分子的时期；二、中中新世，是安琪马动物群时期；三、晚中新世至早上新世，是三趾马动物群时期。

第六章 珊瑚虫排卵之谜

知道大堡礁形成的原因以后，秀芬又有新疑问："卡尔大叔，既然珊瑚能够形成庞大的大堡礁，那它一定要有一个生殖繁衍的过程，珊瑚到底是怎样繁殖的呢？"

卡尔大叔笑了笑，说："这里面的学问就大了。"

史小龙和帅帅异口同声地说："卡尔大叔，别卖关子啦，快给我们讲讲这其中的学问吧。"

卡尔大叔点点头，叫尤丝小姐去实验室拿来珊瑚虫研究档案，然后就讲述起珊瑚虫的繁殖。

珊瑚虫大多生活在阳光充足的浅海区，澳大利亚大堡礁海域就是这样的地方，所以，那里的珊瑚虫繁殖速度非常惊人。珊瑚虫的生长速度也很快，每一分钟都有无数只珊瑚虫老死，又有无数只珊瑚虫破卵生出。大堡礁就是珊瑚虫历经几十万甚至几百万年的繁衍更替形成的。在以前，古今中外的科学家都以为珊瑚是植物，因为珊瑚不仅外形很像植物，而且还和植物一样固定生长。中国古籍中就有这样的记载"珊瑚贯中而生，岁高二三尺，有枝无叶"。但是，随着科学研究的发展，人们发现原来它们是由腔肠动物——珊瑚虫组成的，所以，珊瑚并不是植物。

　　珊瑚虫有两种繁殖方式。第一种是有性繁殖。珊瑚虫的生殖腺生长在腹腔的隔膜上，每到繁殖期，这些生殖腺就排出许多卵子和精子，经由珊瑚虫的嘴巴排出到海洋里。大多数珊瑚虫的精子和卵子是在海水里结合的，不过有个别卵子和精子在珊瑚虫的腹腔里就已经结合了。因为珊瑚虫全身上下只有"嘴"这一个通道与外界相连，所以它们的进食、排泄和繁殖都由这张"嘴"完成，这听起来似乎有些不可思议，但腔肠动物就是这样繁衍生息的。

一般来说，珊瑚虫的受精行为发生于来自不同个体的卵子和精子之间，也就是，同一个体的精子和卵子是很少发生受精行为的。珊瑚虫的卵子受精之后很快就会生长成浮浪幼体，浮浪幼体表面长着一层非常细小的纤毛，能够帮助它们在海水里游动。这些浮浪幼体寻找到固定的珊瑚骨架之后就会发育成水螅形态。

发育成水螅形态之后，珊瑚虫的有性繁殖就算告一段落了。接下来，就开始了珊瑚虫的第二种繁殖方式——无性繁殖。附着在固定珊瑚骨骼上的水螅形态珊瑚虫成为新珊瑚群体的第一个珊瑚虫。这个珊瑚虫像植物发芽一样向四周生长出芽孢，每个芽孢在数日或数周之内就会变成新的珊瑚虫，如此反复不断地分裂和生长之后，一个全新的珊瑚群体就出现在我们眼前。

进入珊瑚虫的繁殖季节，它们会在满月的晚上一起排卵。那些一片片红色、蓝色、绿色和橙色的珊瑚虫卵漂浮在海水里，随潮汐四处散开，然后我们就会看到淡蓝色的海水渐渐变得五光十色起来。假如你有机会看见这样的奇观，你会忍不住用照相机拍下来的。

大堡礁的珊瑚虫在月圆之夜集体排卵引起了科学家的关注，有研究小组对这个现象进行了深入研究，他们认为大堡礁的珊瑚虫体内存在着某种"光传感器"，所以它们才会感知到满月时的月光，并把这些月光当作排卵信号。

研究之初，澳大利亚昆士兰大学的研究人员和美国专家一起用不同颜色的光照射大堡礁里的珊瑚虫，同时详细记录这些珊瑚虫在满月状态下的反应。经过大量实验之后，他们发现，从新月到满月，在月光不断增强的过程中，大堡礁的珊瑚虫体内某部分控制着"光传感器"的基因也变得越来越活跃。当到了满月的时候，这些基因也达到最活跃的状态，于是珊瑚虫集体排卵的信号出现了，所有的珊瑚虫倾巢出动，在满月的晚上聚集在一起排卵。

那么，珊瑚虫怎么会拥有这样奇特的能力呢？最初，原始生物为了保护自身不受紫外线侵害，它们要躲避光线，经过不断进化，使得它们对光线的感应越来越灵敏，形成了能够控制"光传感器"的基因，比如说我们常说的"生物钟"就是"光传感器"基因的另一个表现。

第七章

大堡礁上的森林

46

史小龙和秀芬争论大堡礁的珊瑚和森林哪一个更美丽。帅帅赞同秀芬的观点,认为大堡礁的珊瑚才是最漂亮的,三人谁也说服不了谁,最后,这三人找到卡尔大叔。卡尔大叔正想说说大堡礁上的森林,他拿出尤丝小姐准备好的资料,说:"大堡礁的珊瑚群固然是最令人向往的风景,但生长在大堡礁礁岛上的热带雨林同样值得一看。"

大堡礁海域分布着大大小小 630 多座岛屿,这些岛屿上都长满了郁郁葱葱的树木。因为大堡礁海域属于热带气候,受南半球气流的影响,所以非常适宜热带植物的生长。这些岛屿周围遍布珊瑚礁群,涌来的巨浪往往都会被这道天然屏障挡住,因此,岛上的植物得到了保护,这也是大堡礁岛屿上的植物能够生长良好的主要原因之一。

说到大堡礁上的森林,首先要提到的就是绿岛(也称格林岛)了,绿岛离昆士兰首府凯恩斯仅十几千米,岛上长满热带树木,这些树木一直蔓延到沙滩的码头旁。绿岛海滩边上的树木全都是向外倾斜的歪脖子树,这是它们长期被海风吹袭的结果。

绿岛上有专供游人行走的小路，人们可以沿着小路走到雨林的中心地带去。雨林里全是参天大树，遮天蔽日般地覆盖着岛屿的每一寸土地，高大的乔木直耸云天，树干上缠绕着密密麻麻的藤蔓。藤蔓下面是湿润的泥土，这些泥土上铺满了厚厚的落叶，非常适合苔藓和蕨类植物生长。

这里有澳大利亚独有的金蒲桃，金蒲桃枝干挺拔，属桃金娘科常绿乔木，花朵呈金黄色，每当其盛开的时候常常出现数千朵一起拥簇枝头的壮观景象。如今，金蒲桃已经成为澳大利亚昆士兰省首府凯恩斯的市花。

雨林深处生长了数万年的原始森林，虽然面积不大，但原始热带森林具有的东西它全部都有。绿岛靠近地球赤道，除了阳光充足之外，降雨量也非常大，年均降雨量达到2500毫米左右，所以，岛上的原始森林里遍布各种形态的植物。

此外，大堡礁岛屿上的原始森林里拥有许多闻所未闻、见所未见的植物。比如说螯刺树，这是一种全身上下都长满毒刺的"恐怖之树"，据大堡礁当地土著居民讲述，要是不小心被这些毒刺扎了一下的话，至少要疼上好几个月。因此，在绿岛的原始森林里探险的时候要特别小心，时刻提高警惕。在森林深处，还生长着另一种奇特的植物，它们被称为"寄生无花果"，这种植物寄生在某些长势很好的树木上，然后将这些寄主杀死并最终取而代之。

大堡礁上的岛屿有的面积很小，这些岛屿上面不会形成完整的热带雨林，不过这并不影响它们被郁郁葱葱的树木覆盖，立下汗马功劳的是棕榈和椰树。有些包围潟湖的礁岛上面也长满了棕榈树和椰树，银白色的沙滩、浅蓝色的海水和明媚的阳光，加上挺拔的棕榈树林，构成了令人陶醉的世外桃源。

大堡礁各处岛屿上的热带森林与海底的珊瑚群相得益彰，组成只有在大堡礁才能看到的人间美景。可是澳大利亚海洋研究所的生物学家阿隆基很悲观，他认为，在未来的一个世纪之内，海平面会急剧上升，到时候大堡礁大部分岛屿上的植被将被海水无情地吞没。

不过，也有很多科学家认为阿隆基的推算有误，他们指出，大堡礁海域的海平面在过去9000多年中只上升了一点点。但在研究大堡礁珊瑚群的时候，阿隆基发现了大量被掩埋在海底的红树林遗迹，这

些红树林遗迹分布在距离大堡礁底部 70 余厘米的地方，遗迹保存得非常完整，这说明海平面短期内上涨了很多。他说："那些森林被淹没在海底，没有完全腐烂，说明它们并没有被淹没太长时间，这说明在此前 30 年之内，大堡礁附近的海平面上升了 3 米左右，从而淹没了生长在大堡礁各处的红树林。要是海平面仍然以这样的速度升高的话，就会给大堡礁带来毁灭性的打击。"

阿隆基的发现引起了世界各地的海洋学家的注意，经过研究之后，海洋学家指出，在未来很短的一段时间内，海平面会升高 1 至 10 厘米，但这只是保守的推算，最坏的情况是未来一个世纪之内，海平面会上升 50 至 80 厘米，这样的高

度足够使大堡礁的大部分珊瑚礁岛消失。美丽的大堡礁真的会沉入海底吗?

第八章

恐怖的箱型水母

52

秀芬在看了卡尔大叔提供的资料之后有了新的问题，她找到史小龙，问："为什么大堡礁海洋公园的管理人员总会提醒游客在每年的10月至次年3月不要轻易下海潜水呢？"

史小龙说："不知道，可能是因为那段时间的水太冷了吧。"

秀芬说："怎么可能，那里可是赤道附近呢。"

史小龙又说："可能是水母太多的缘故吧。"

帅帅问："可是，水母有什么可怕的呢？"

卡尔大叔说："出没在大堡礁海底的水母可不止一种，其中就有一种叫作箱型水母的'剧毒水母'。"

卡尔大叔的话一点都不夸张。大堡礁海域里的确生活着携带剧毒的箱型水母，并且时常发生人类被这种水母毒倒的事情。在发现箱型水母含有剧毒之前，人们不知道每年八九月在大堡礁浅海区里游泳的游客为什么总出现遇害的事件。

遇害游客的身体表面并没有伤痕，也没有遭到凶猛海兽撕咬的迹象，只是他们的身体像被打了麻药一样全身僵硬。凶手是谁呢？允许游客潜水的区域都经过了海洋公园管理员的检查，很少发现有剧毒的鱼类，只有每到八九月份就来到大堡礁进行繁殖的水母和绿龟。绿龟懒懒的，懒得动弹，而且根本就不喜欢在人多的地方出现，所以它首先就被排除在外了。但是大家又不觉得随处可见的水母能够毒死人，因为很多人都有被水母蛰到的经历，被它蛰一下甚至还没有被马蜂蛰一下严重。后来，有人在大堡礁的珊瑚丛里发现一些个头很小的浅蓝色水母，经研究发现，这个蓝色小水母有剧毒，被它蛰一下就会全身僵硬而死，这个恐怖的家伙就是箱型水母。

箱型水母是一种个头很小的水母，它全身长度只有40多厘米，头部分布着4块聚集眼睛的地方，这4个地方总共长有24个眼睛。因为身体有4个侧面，看起来就像一个淡蓝色的箱子，所以它们才被称为箱型水母。

箱型水母的触须上长满装有毒液的刺细胞，人若被这些刺细胞刺中，会在 3 分钟之内死亡。每个箱型水母身上所携带的毒液能在两三分钟之内毒死 60 多人，可见其毒性之强，因此箱型水母又被人们称为"透明杀手"和"海黄蜂"。有生物学家整理了一份剧毒生物榜单，箱型水母被列为剧毒海洋生物之一。

箱型水母属于腔肠动物，喜欢生活在温暖的浅海里，多被发现于澳大利亚大堡礁海域。它们身体结构简单，属原始腔肠动物，但是动作非常矫捷。夏天，因为水表温度增高，箱型水母会短暂地潜入水底躲避烈日照射，然后在清晨或者傍晚时分浮出水面。

箱型水母的繁殖方式为卵生，受精卵经过孵化之后会发育成浮浪幼体，浮浪幼体经过生长发育成水螅体，然后继续发育就是水母

了，它的整个繁殖过程不包括节片生殖和碟状幼体这两个阶段。

据统计，每年都有好几百人丧生于箱型水母的毒刺之下，这些悲剧事件大多数都发生在澳大利亚的大堡礁海域。因为箱型水母所分泌出来的毒素是一种非常罕见的神经性毒素，科学家们还没有找出解毒的良方，为避免遭受到箱型水母的攻击，唯一的办法就是不在箱型水母出没的海域潜水或游泳。大堡礁海洋公园所有的海滩上都竖起了警示牌，提醒到那里游玩的人提防受到水里箱型水母的攻击。

为了能够尽快找到箱型水母毒素的解药，科学家决定从细斑指水母开始研究。细斑指水母是目前发现的最大的箱型水母，也是毒性最强的，只需要一根触须就能索取人性命。通过详细的研究之后，科学家发现，箱型水母的毒液中含有一种很罕见的蛋白质，要想获得解

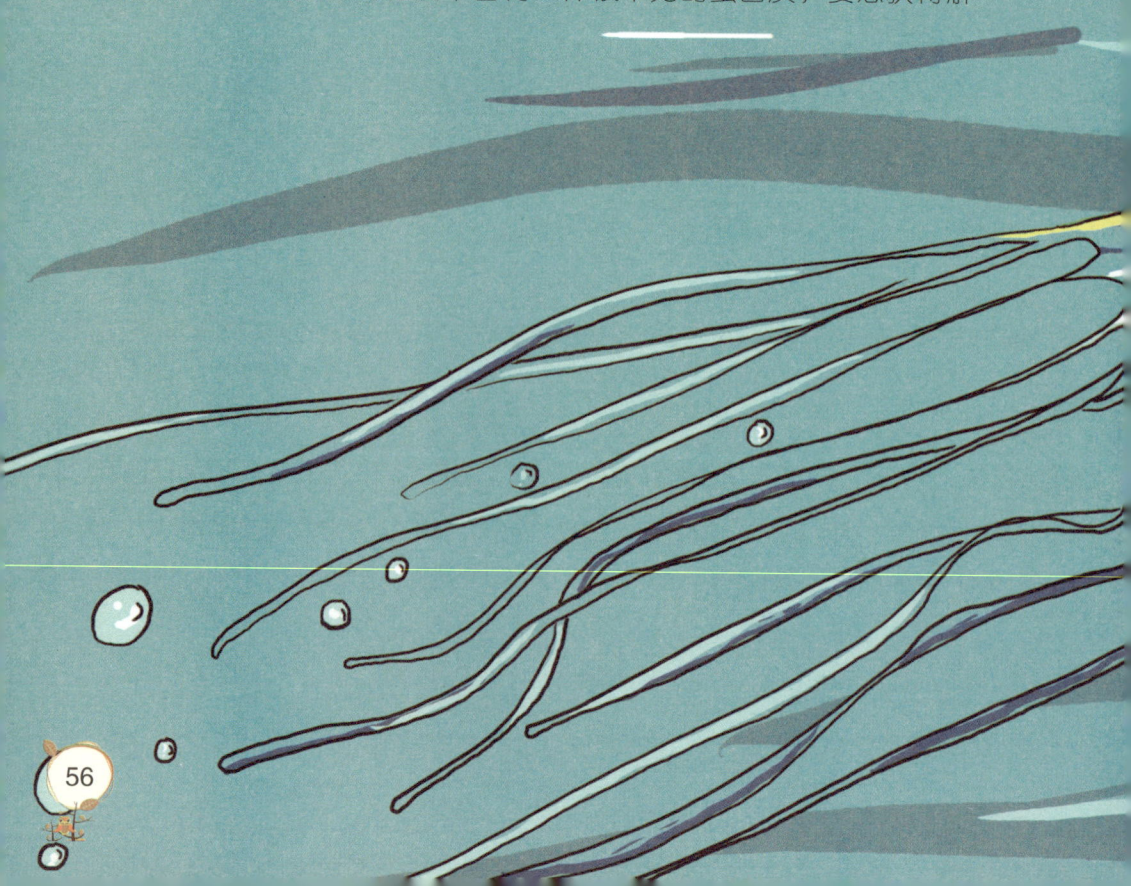

药，首先就要破解这种蛋白质。目前，科学家们正在着手从事这项工作。

箱型水母虽然已经够恐怖了，但仅仅只露出了大堡礁有毒动物的冰山一角，随着人类探索大堡礁的范围的扩大，将会有越来越多的生物出现在我们眼前。

第九章

小心！海毒蛇

史小龙似乎根本就不惧怕箱型水母，秀芬问："你怎么一点都不惊讶呢？"

史小龙笑着说："有什么好惊讶的，我在电视上看到过生活在非洲沙漠里的眼镜蛇，那才是最毒的动物。"

尤丝小姐提示道："大堡礁的海洋里也生活着毒蛇，叫作海毒蛇，它们的毒性可比眼镜蛇强多了。"

海毒蛇是陆地上的蛇经过几百万年的进化而来的，它们属爬行纲，是蛇目眼镜蛇科的一个亚科。和其他眼镜蛇亚科一样，海毒蛇也具有剧毒的前沟牙，不同的是海毒蛇尾部显得有些扁平，看上去就像船桨，能够在水中游行的时候给予海毒蛇强劲的动力。地球上已发现的海毒蛇有50多种，一般来说，海毒蛇身长在1.5米至2米之间，大部分的海毒蛇生活在大堡礁海域内。

虽然经过几百万年的进化之后，海毒蛇将家搬进了大海，但是它们依然没有改变作为爬行动物的最重要特征——依靠肺呼吸。一般的海毒蛇在呼吸一次之后能待在海底半个小时以上，有的甚至能够超过 5 个多小时，那么它们到底是如何办到的呢？

原来，海毒蛇的皮肤也会"呼吸"。海毒蛇的皮肤表面分布着许多微小的粒状鳞片，在潜入海底之后这些鳞片就开始吸收海水里的氧气，然后通过皮肤上的毛细血管将氧气传送到心脏里，从而大大延长了海毒蛇的呼吸间隔。

除了拥有会"呼吸"的皮肤之外，海毒蛇的生理机制也与众不同，它们血液中的血红蛋白工作效率非常高，可以帮助海毒蛇在潜水的时候降低心跳次数，减少能量消耗。有生物学家专门研究过海毒蛇这一特性，发现海毒蛇的呼吸差不多有 13% 是通过皮肤完成的。在潜水觅食的时候，海毒蛇的心跳能够降低到每分钟 1 次以下，所以我们在海面上很少看见它们的身影，因为它们要隔很长时间才会露出水面一次，进行短暂呼吸之后就又潜回海底了。

海毒蛇喜欢生活在温暖、清澈、多岛屿的浅海里。水深超过 100 米、地势很开阔的地方是很难见到它们的。澳大利亚大堡礁海域就是海毒蛇最理想的生活场所。海毒蛇虽然携带剧毒，但一般情况下它们都不会主动攻击人类。平时，它们喜欢在珊瑚礁群里面游动，或在阳

光强烈的时候钻进海底的泥沙里。大部分海毒蛇以鱼卵为食，不过有些海毒蛇则显得特立独行，这类海毒蛇身体很大，脖子和头却很小，喜欢猎食有毒的小鱼。

海毒蛇的繁殖分为胎生和卵生，每到繁殖季节，它们就会从四面八方汇聚在一起，形成一片长达几十千米的蛇阵，这样的场面蔚为壮观。一些水陆两栖的海毒蛇会爬上礁岛的沙滩产卵，而那些完全摆脱陆地的海毒蛇则依靠胎生繁殖后代。

海蛇的毒液是人类发现的毒性最强的动物毒素，就拿常在大堡礁海域出没的钩嘴海蛇来说，它的毒液毒性就有等量的眼镜蛇毒液毒性的 2 倍之多，是常见的氰化物毒药的 80 多倍。海蛇的毒液到底有多毒呢？为了研究这个问题，科学家们从大堡礁海底随便抓上来一条海毒蛇，用乳胶瓶盖刺激海毒蛇的嘴巴，海毒蛇的毒牙就开始源源不断地往玻璃瓶里喷毒液，最后测量，一条海毒蛇每次所分泌出来的毒液足有 100 毫升之多，而 1 至

2毫升的毒液就可以杀死一个正常人，也就是说一条海毒蛇一次分泌出来的毒液能够在顷刻间夺走上百人的生命。

经过研究，科学家们发现海毒蛇的毒液虽然类似于眼镜蛇的毒液，属于神经毒，但奇怪的是，海毒蛇的毒液在进入人体之后并不是先破坏人体神经系统，而是最先攻击人体的随意肌。正因如此，被海毒蛇咬的人感觉不到很明显的痛感。毒液进入人体之后有一段30分钟至3小时不等的潜伏期，大部分人在这段时间之内没有明显的中毒症状，因此极容易被忽视。当潜伏期过了之后，被攻击的人就会感觉到全身乏力，颌部强直，同时心脏和肝肾等部位已遭到严重的损害。这种状态维持不了多久，受害者就会一命呜呼，从被攻击到死亡有可能只需要几十分钟或几小时。

"真没想到啊，大堡礁里还有这么多带有剧毒的动物啊。"秀芬担心道，"看来我以后还是不要去大堡礁潜水的好。"

卡尔大叔笑道："其实，这些毒物虽致命，但你只要不惹它们，并熟悉和掌握它们的习性，就没什么可怕的了。"

知识百宝箱

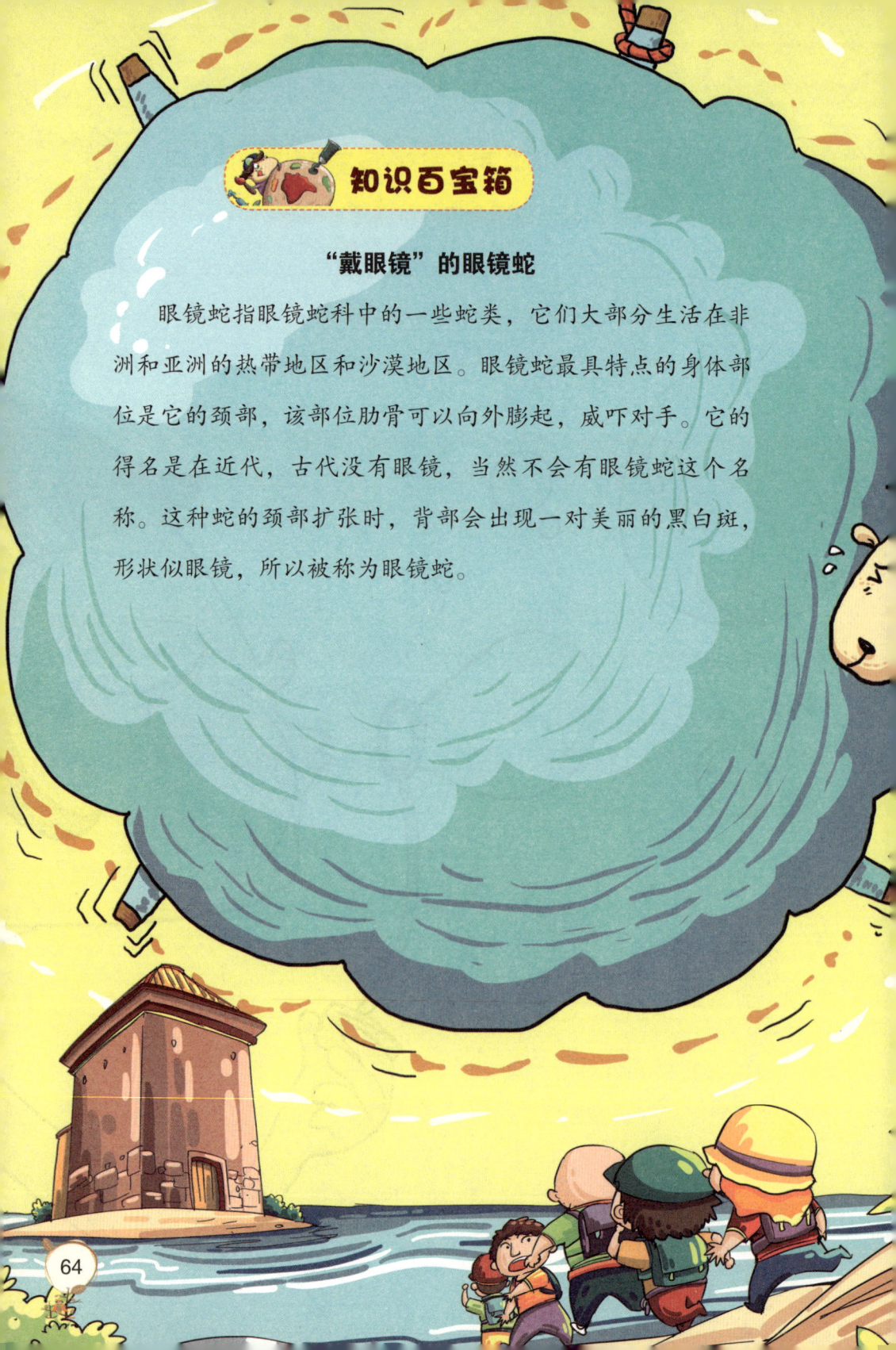

"戴眼镜"的眼镜蛇

眼镜蛇指眼镜蛇科中的一些蛇类,它们大部分生活在非洲和亚洲的热带地区和沙漠地区。眼镜蛇最具特点的身体部位是它的颈部,该部位肋骨可以向外膨起,威吓对手。它的得名是在近代,古代没有眼镜,当然不会有眼镜蛇这个名称。这种蛇的颈部扩张时,背部会出现一对美丽的黑白斑,形状似眼镜,所以被称为眼镜蛇。

第十章

鸡心螺和蓝环章鱼

"千万别以为大堡礁里有毒的动物就这么两种哦。"尤丝小姐在卡尔大叔介绍完海毒蛇之后说。

秀芬瞪大眼睛问:"海毒蛇已经够让人害怕了,难道还有更吓人的东西?"

卡尔大叔笑着说:"当然啦,比如说在大堡礁沙滩和珊瑚群里生活的鸡心螺。"

鸡心螺属于软体动物门,常生活在浅海的珊瑚礁地带,它前端小而尖,后端粗大,看起来就像鸡的心脏,所以才被人称为鸡心螺。其外壳色彩亮丽、花纹别致,所以常常被人们误以为是普通的观赏海

螺。千万不要被小小的鸡心螺迷惑了，要知道它体内可是有剧毒的，这剧毒每年都让很多人丧命呢。

鸡心螺一般可长到 20 多厘米长，它以蠕虫、小鱼和其他软体动物为食。因为行动迟缓，鸡心螺有着用毒箭攻击猎物的本领。在它外壳的尖端隐藏着一个小孔，这个小孔连接着鸡心螺体内的毒囊，当猎物进入鸡心螺的捕食范围后，那个小孔里就会射出一只毒箭，迅速地将毒囊里的毒液注入猎物的身体，中毒箭的猎物马上就一命呜呼了。

鸡心螺的毒液含有几百种不同成分的毒素，这些毒素进入其他生物体内之后会迅速攻击生物体的神经系统，使受害者在短时间内昏厥。因为这些毒素里面还含有与镇静剂相同的成分，能够阻断受害者体内的神经传输，所以被鸡心螺攻击后的人往往在死亡前显得非常平静。科学家经过分析指出，每只鸡心螺一次分泌出来的毒素就能使 10 个人在数小时内死亡，这种恐怖的毒素使它成为大堡礁海滩上的毒霸。曾经有人称大堡礁里的鸡心螺是"雪茄螺"，因为在被鸡心螺攻击后，人的生命往往只剩下抽完一支雪茄的时间了。

科学家们用小鱼做过一个实验，通过实验他们了解到鸡心螺毒素攻击其他生物的过程。因为鱼和人类一样通过生物神经系统来控制自己的行为，所以这样的研究能够帮助医学家找到鸡心螺毒素的解药。鸡心螺将毒素注入小鱼的体内，大概2秒钟这条鱼就停止了挣扎，因为鸡心螺毒素成功阻断了小鱼体内的神经信息传播。接着，鸡心螺毒素大量侵入小鱼体内，不断地攻击其神经系统和鱼肉骨骼之间的接点，让小鱼的身体接收不到大脑发出来的命令，从而失去自主能力，于是这条小鱼开始挣扎。这种挣扎并没有持续太久，小鱼很快就无法动弹了。等到小鱼彻底没有动静之后，鸡心螺就开始享用美餐了。

因为地理条件特殊，大堡礁色彩缤纷的珊瑚世界看起来风光旖旎，可事实上，那湛蓝而透明的海水里一直都危机四伏、暗流涌动。

除了外表艳丽，常常迷惑游人伸手去抓的鸡心螺之外，大堡礁的珊瑚丛里还生长着一种恐怖的动物，就是令人闻之色变的蓝环章鱼。

和鸡心螺一样，蓝环章鱼也属于软体动物，它的体内也含有神经性毒素。蓝环章鱼体型很小，和高尔夫球差不多大小，触手伸长也不超过 15 厘米。不过，别看它们个头小，它们分泌出来的毒液却能在数分钟之内夺去人的性命。

海洋生物学家指出，一只蓝环章鱼所分泌出来的毒液能够在几分钟内杀死 20 多名成年人。有报道称，有一名游客在大堡礁潜水时，在珊瑚丛里发现了一只蓝环章鱼，他觉得很有趣，就把它抓过来放在身上，受到惊吓的蓝环章鱼朝这名游客身上咬了一口。数分钟之后，这名游客就感到全身不适，他赶紧游回岸边寻求帮助，但是刚爬上岸，这名游客就陷入瘫痪状态，虽然神智还有些清醒，但呼吸却非常困难。最终，经过 2 个多小时的抢救，这名游客还是不幸死亡。

不过，和其他攻击欲望强的动物相比，蓝环章鱼算是性情比较温顺的一类了，一般情况下它是不会主动攻击人类的，除非它感觉受到了较为严重的威胁。蓝环章鱼皮肤细胞含有不同的颜色，它通过收缩和挤压这些不同颜色的细胞来改变皮肤颜色，如果受到刺激，它身上的蓝色圆环就会闪烁起来，此时我们就要尽快远离它。

卡尔大叔向三位小朋友讲了不少有关蓝环章鱼和鸡心螺的知识，最后，尤丝小姐提醒道："大堡礁的风景的确很迷人，不过你们去游玩时可要当心，美丽的大堡礁可没有表面上那么安全呢。"

知识百宝箱

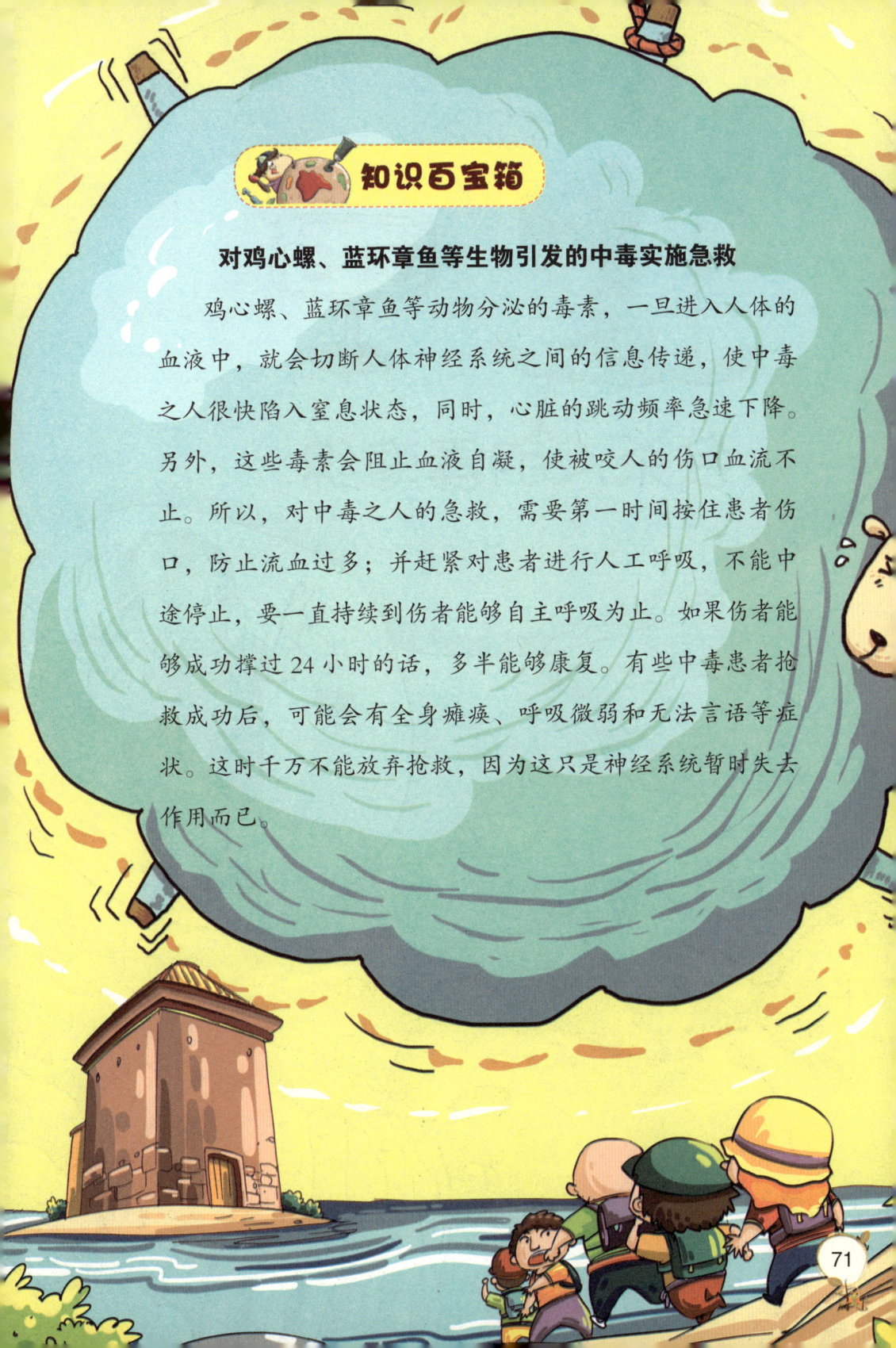

对鸡心螺、蓝环章鱼等生物引发的中毒实施急救

鸡心螺、蓝环章鱼等动物分泌的毒素，一旦进入人体的血液中，就会切断人体神经系统之间的信息传递，使中毒之人很快陷入窒息状态，同时，心脏的跳动频率急速下降。另外，这些毒素会阻止血液自凝，使被咬人的伤口血流不止。所以，对中毒之人的急救，需要第一时间按住患者伤口，防止流血过多；并赶紧对患者进行人工呼吸，不能中途停止，要一直持续到伤者能够自主呼吸为止。如果伤者能够成功撑过24小时的话，多半能够康复。有些中毒患者抢救成功后，可能会有全身瘫痪、呼吸微弱和无法言语等症状。这时千万不能放弃抢救，因为这只是神经系统暂时失去作用而已。

第十一章

会杀人的毒海绵

卡尔大叔邀请帅帅、史小龙和秀芬去博物馆观看大堡礁的纪录片。看完纪录片之后,小龙和帅帅还沉浸在大堡礁那美丽的海景之中。秀芬似乎想到什么,歪着脑袋问:"卡尔大叔,纪录片里面出现了一块很大的,看起来四四方方又软绵绵的东西,是什么呀?"

史小龙从口袋里掏出一块海绵说:"就是这玩意,能吸水的,黑板擦用的就是这东西。"

卡尔大叔指着史小龙手中的海绵说:"小龙,此海绵非彼海绵。"

在大堡礁风光旖旎的珊瑚群当中,经常会见到一堆堆毛茸茸的、表面布满小孔、摸起来软绵绵的生物,有的外形规则,伫立在较为开阔的礁岩上,有的则由许多不规则的毛球组合在一起,聚集在珊瑚丛下面。它不像珊瑚那样绚丽多彩,通常以黑色、褐色和灰黄色3种颜色为主,经常被人们忽视,然而它却是世界上最原始的多细胞水生动物。别看它年复一年、日复一日地伫立在一个地方不动弹,可事实上它却是活生生的动物,

通过分布在全身的大孔和小孔不停地吞噬着海水里的浮游生物。

这种生活在海底的海绵虽然不起眼，一直默默无闻，但是它在地球上却已生活了很长的一段时间，早在 2 亿年以前它就已经生活在海洋里了。发展至今，海绵的种类已超过 1 万余种，除了二三十种生活在淡水里，其他全都生活在海洋里。海绵不像珊瑚那样挑剔生活环境，它遍布整个海洋，不论是深海还是浅海，是江河入海口，还是海底峡谷的洞穴里，到处都可以看到它的踪迹。

海绵没有嘴巴、消化腔、四肢，也没有中枢神经系统，它是一大堆最原始的动物细胞堆积在一起形成的生物。虽然没有嘴和消化腔，

但海绵却有着非常独特的进食方法。那些遍布全身的孔洞组成了它的进食和消化系统，其中最为重要的就是水沟系，水沟系是海绵的身体系统，它分为进水口、领细胞和出水孔。因为领细胞的排列不同，海绵的水沟系又被分为单沟型、双沟型和复沟型三大类型。水沟系里面的领细胞长满鞭毛，形似筛子。海绵无法自主捕食，只能通过海水的流动获得所需食物。海水通过小孔进入海绵体内，在穿过水沟系的领细胞之后，海水里漂浮的微生物、氧气和其他有机碎屑就被截留下来，之后，过滤完的海水从海绵身后的出水孔排出。那些被过滤下来的食物再经过中胶层原细胞的分解，就成了海绵需要的养料。

海绵虽然是没有中枢神经的原始多细胞生物，但是排列在海绵体内的每个细胞都分工明确。生长在最外面的叫孔细胞，它负责打开通道，让海水进入体内。每当周围的海洋环境很差时，孔细胞就会缩小，关闭小孔。中胶层里面的芒状细胞能分泌出纤维，而冠状细胞则能够分泌海绵质，这些海绵质就相当于海绵骨架。骨细胞则能产生骨质，最后形成骨针。生长在出水口附近的肌细胞则负责控制出水孔的闭合。

海绵还有一个非常特别的本领，那就是它们身体各部分的细胞能够根据需要自行演变成其他类型的细胞，在繁殖期间，某些细胞甚至还能演变成生殖细胞。比如说钙质海绵的生殖细胞就是由领细胞演变而来的。这似乎有些神奇，但海绵的细胞的确具有这些本领。

海绵的繁殖分为有性繁殖和无性繁殖。无性繁殖主要以出芽生殖为主，特别是生长在中

胶层里面的原细胞，最容易转移到母体海绵的表面聚集成新的团体，这个新的团体随后就会发育成芽体。芽体与母体海绵分离后，会掉落在母体周围，逐渐长成为新的海绵与母体连在一起，最终形成巨大的海绵群体。海绵的有性生殖非常特殊，精子在海绵体内形成之后会随海水流进另一个海绵体内，然后被这个海绵的领细胞截住，领细胞经过演变会把精子护送到卵子所在的地方，由此受精而发育出幼虫。幼虫同样也随海水流出海绵体外，在游行了数小时至数天之后，幼虫寻找到适合生长的地方，然后慢慢发育，生长成新的海绵。

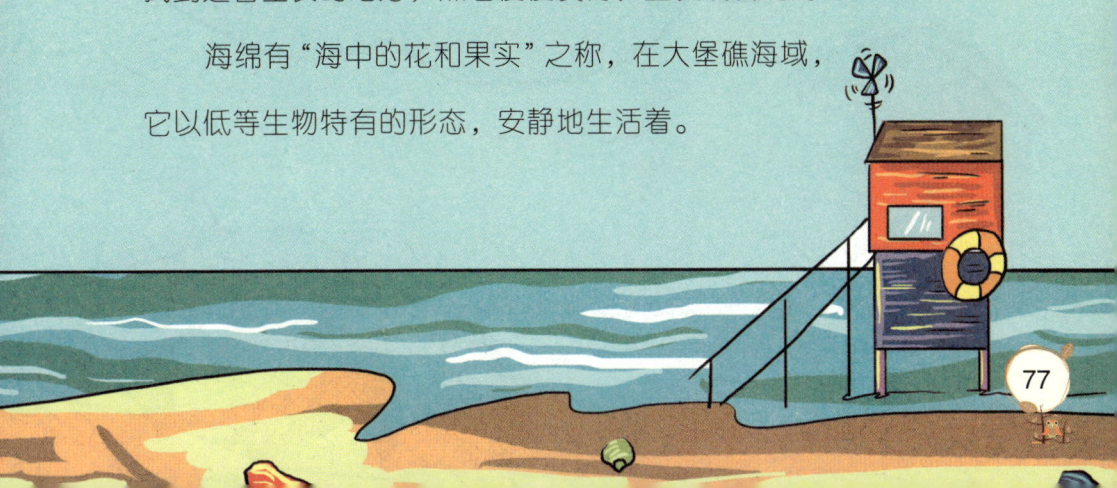

海绵有"海中的花和果实"之称，在大堡礁海域，它以低等生物特有的形态，安静地生活着。

知识百宝箱

海绵的邻居——藻类

　　与海绵共生的生物有很多，其中最重要的就是藻类。藻类附着在海绵表面，它们为海绵提供氧气，而海绵则为它们提供保护屏障和代谢废物。而且，藻类死亡之后也能被海绵当作食物。除了海藻之外，有些动物也与海绵共生，比如说剑水蚤、水螨、水蛉科幼虫等动物就会寄生在淡水海绵体内。除了某些贝类和甲壳类动物以海绵为食之外，很少有肉食性动物吃海绵，因为海绵的气味很难闻，并且其体内还含有坚硬的骨针，很难入口。

第十二章 "名声不好"的棘冠海星

听完卡尔大叔对海绵的介绍，秀芬感到十分好奇，很想亲自去大堡礁看一看，可是卡尔大叔没时间带他们去，只好带他们去参观海洋馆。

海洋馆里有好多海底生物，看到漂亮的海星，秀芬高兴地说："你们快看，这里的海星多么漂亮呀，大堡礁有这样漂亮的海星吗？"

尤丝小姐却说："大堡礁的海星是很好看，但有一种海星却是出了名的'坏蛋'。"

秀芬记得之前卡尔大叔讲过的科普知识，于是先说："我知道，你说的那种海星叫作棘冠海星。"

"没错，尤丝小姐说的那个坏蛋就是棘冠海星。棘冠海星全身都是红色，有9个至20个腕，属于个头较大的海星，平均辐径能达到20厘米。棘冠海星背面长满长棘，特别是腕外的棘，不仅浓密而且很长，平均长度超过45毫米。值得注意的是，棘冠海星的长棘含毒，这些毒素虽然不会危及生命，但人若被它刺中，会顿时疼痛难忍。所以，为了安全，我们最好离棘冠海星远一点。"

澳大利亚大堡礁海域生活着大量的棘冠海星，它本是海洋生物中平凡的一员，但却因为大堡礁的珊瑚群而落了个千古骂名。看着大堡礁的珊瑚群数量的急剧减少，澳大利亚的生物学家是一筹莫展，因为全球变暖是他们无法改变的事实。不过，除了诸多环境因素之外，棘冠海星也要对大堡礁珊瑚群的逐渐消失负责。

棘冠海星非常喜欢吃珊瑚，它总是成群结队地爬过海底的每一片珊瑚群，尽情地贴在珊瑚表面大快朵颐，将珊瑚表面的珊瑚虫吃进肚子里，留下一片片白色的珊瑚骨骼。科学家们通过计算得出，一只棘冠海星平均一天就能吃掉分布在大约2平方米面积上的珊瑚，食量之大，令人惊讶。

更恐怖的是，棘冠海星的繁殖能力非常强。繁殖期一过，大堡礁的海底常常会出现数百万只棘冠海星一齐出动的场景，它们能够在几天之内将一大片珊瑚吃得干干净净，所到之处片甲不留。无论是过去，还是现在，这样的事情都屡见不鲜。1970年左右，大堡礁就曾爆发过一次棘冠海星灾难。那次灾难过后，大堡礁海域里绵延几十万平方千米的珊瑚群足足有五分之一成为棘冠海星的腹中美食。因此，在澳大利亚海洋学家眼中，棘冠海星是不折不扣的"大坏蛋"。

经过统计，海洋生物学家发现，棘冠海星每隔3年就会大量出现一次。为什么会出现这种情况呢？原因有两个。第一个是海洋里经常出现的暴风雨。在暴风雨的作用下，大量的营养盐通过雨水的冲刷流入大堡礁海域，于是，海水里的浮游生物在极短时间内大量繁殖。

棘冠海星的幼虫就是靠这些浮游生物为食的，有了充足的食物，大量的棘冠海星幼虫存活下来，经过3年的生长，这些幼虫长大成为棘冠海星，然后就开始大肆吞噬珊瑚。要知道，一只棘冠海星一次就能产下几十万颗卵，如果所有幼虫都能顺利发育成棘冠海星的话，那将是多么恐怖的一件事！第二个原因就是棘冠海星的天敌——大法螺遭到人类捕杀，其数量正在日益减少。缺少天敌，棘冠海星就变得更加猖狂。

如何控制棘冠海星的疯狂生长？这是个棘手的问题。澳大利亚政府最先想到的办法就是雇佣大量潜水渔夫下海抓捕棘冠海星，渔夫们将棘冠海星抓上来，将它们大卸八块后再扔回大海。可出乎意料的是，棘冠海星的生存能力极强，那些被扔回大海的海星碎块并没有死亡，它们经过一段时间的生长之后又会变成新的棘冠海星，如此一来，后果变得更加严重。

后来，澳大利亚政府又找到了新的方法来对付棘冠海星。他们派人往棘冠海星体内注射毒药。但是这种办法不仅耗费了大量的人力和物力，而且取得的效果也不令人满意。最后，澳大利亚政府决定从保护大堡礁生态环境方面入手。首先加大力度整治东北海岸沿线，避免更多的

营养盐随雨水流进大堡礁海域；其次，大量繁殖棘冠海星的天敌——大法螺，并做好保护工作，严禁人为捕捞。

澳大利亚政府为保护大堡礁所实施的几大措施虽然取得了不小的成绩，但很多关注大堡礁的海洋学家却指出，20世纪60年代末期所发生的棘冠海星灾难是一个自然的循环过程，人类不应该横加阻挠，否则会引起大堡礁海域生物链出现混乱，进而引发更加严重的后果。他们还指出，大堡礁海域的棘冠海星是以60年为一个大循环而进行数量增加和衰减的。

知识百宝箱

棘冠海星的天敌——大法螺

　　大法螺属于法螺科，又名海神法螺。在中国海南岛，当地人又叫它凤尾螺，是著名的观赏性动物。它分布于印度、太平洋、日本南部和大洋洲，栖息在珊瑚礁上。它的贝壳呈牙白色，上面有着不规则的、褐色的粗斑纹，螺塔微高，壳长在20厘米左右，螺顶常是缺损的。每层体层都很宽大，一般都有两条引人注目的纵胀肋。体层上的螺肋光滑而宽大，并且是低平的，分布其间的是较深的螺沟及些许的细肋。缝合线较深刻，在缝合线处，各螺层的螺肋多是呈波状并有皱纹。一个大型体层的雌性螺壳可用于吹奏，雄性壳较小。

第十三章
濒危物种——座头鲸

第二天，秀芬对卡尔大叔说："你给我们讲了那么多在大堡礁生活的剧毒海洋生物，接下来该给我们讲些其他东西了吧？"

史小龙也说："就是，我和帅帅都有点不敢去那里游玩了呢。"

卡尔大叔笑着说："那我们就讲讲其他的动物，先说说濒临灭绝的座头鲸吧。"

大堡礁气候宜人，海底食物充足，是很多海洋生物的乐园，濒危物种座头鲸每年也会来大堡礁"度假"。在每年的5月到12月，座头鲸就会跋涉千里来到大堡礁。

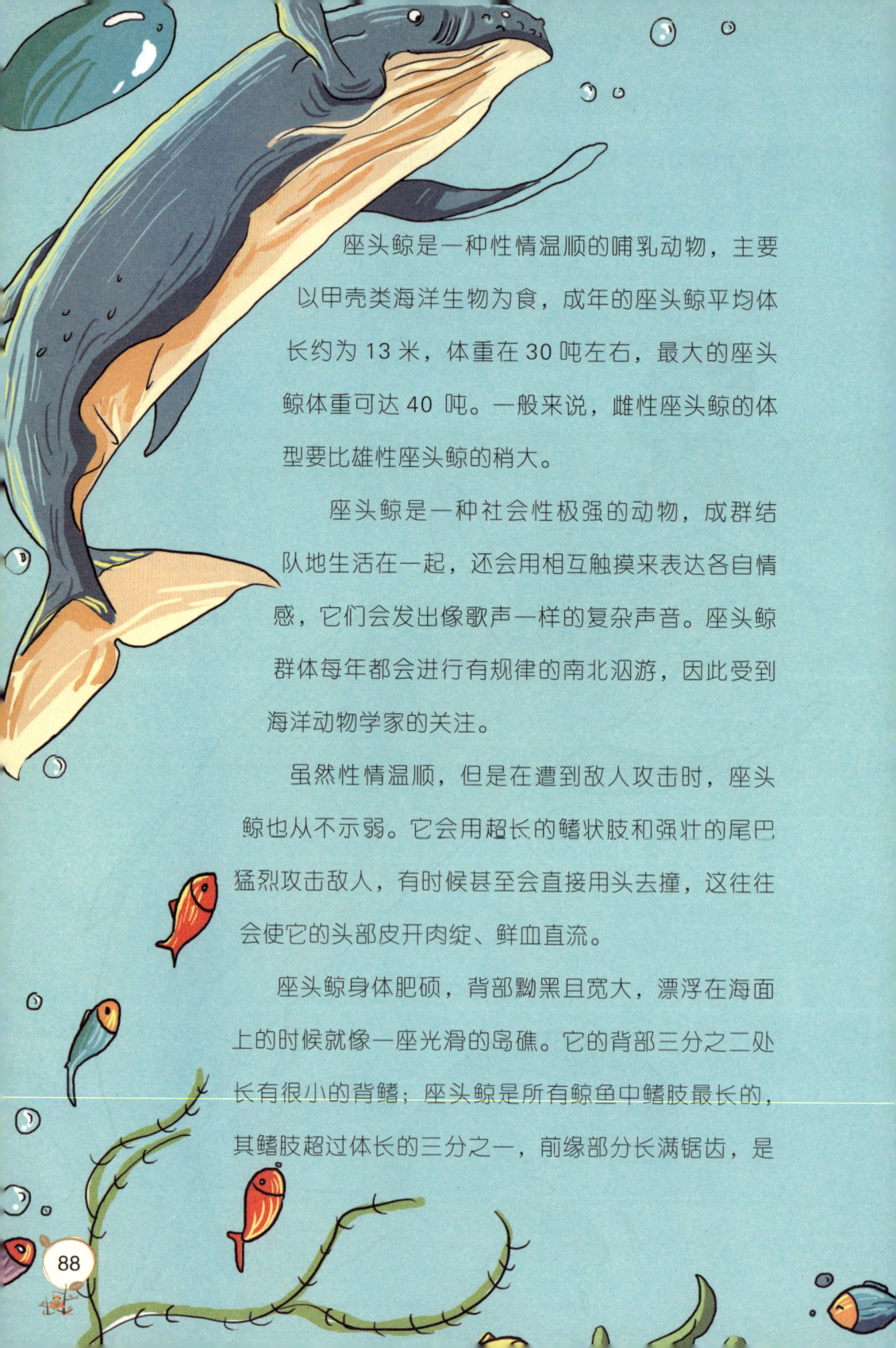

座头鲸是一种性情温顺的哺乳动物，主要以甲壳类海洋生物为食，成年的座头鲸平均体长约为13米，体重在30吨左右，最大的座头鲸体重可达40吨。一般来说，雌性座头鲸的体型要比雄性座头鲸的稍大。

座头鲸是一种社会性极强的动物，成群结队地生活在一起，还会用相互触摸来表达各自情感，它们会发出像歌声一样的复杂声音。座头鲸群体每年都会进行有规律的南北洄游，因此受到海洋动物学家的关注。

虽然性情温顺，但是在遭到敌人攻击时，座头鲸也从不示弱。它会用超长的鳍状肢和强壮的尾巴猛烈攻击敌人，有时候甚至会直接用头去撞，这往往会使它的头部皮开肉绽、鲜血直流。

座头鲸身体肥硕，背部黝黑且宽大，漂浮在海面上的时候就像一座光滑的岛礁。它的背部三分之二处长有很小的背鳍；座头鲸是所有鲸鱼中鳍肢最长的，其鳍肢超过体长的三分之一，前缘部分长满锯齿，是

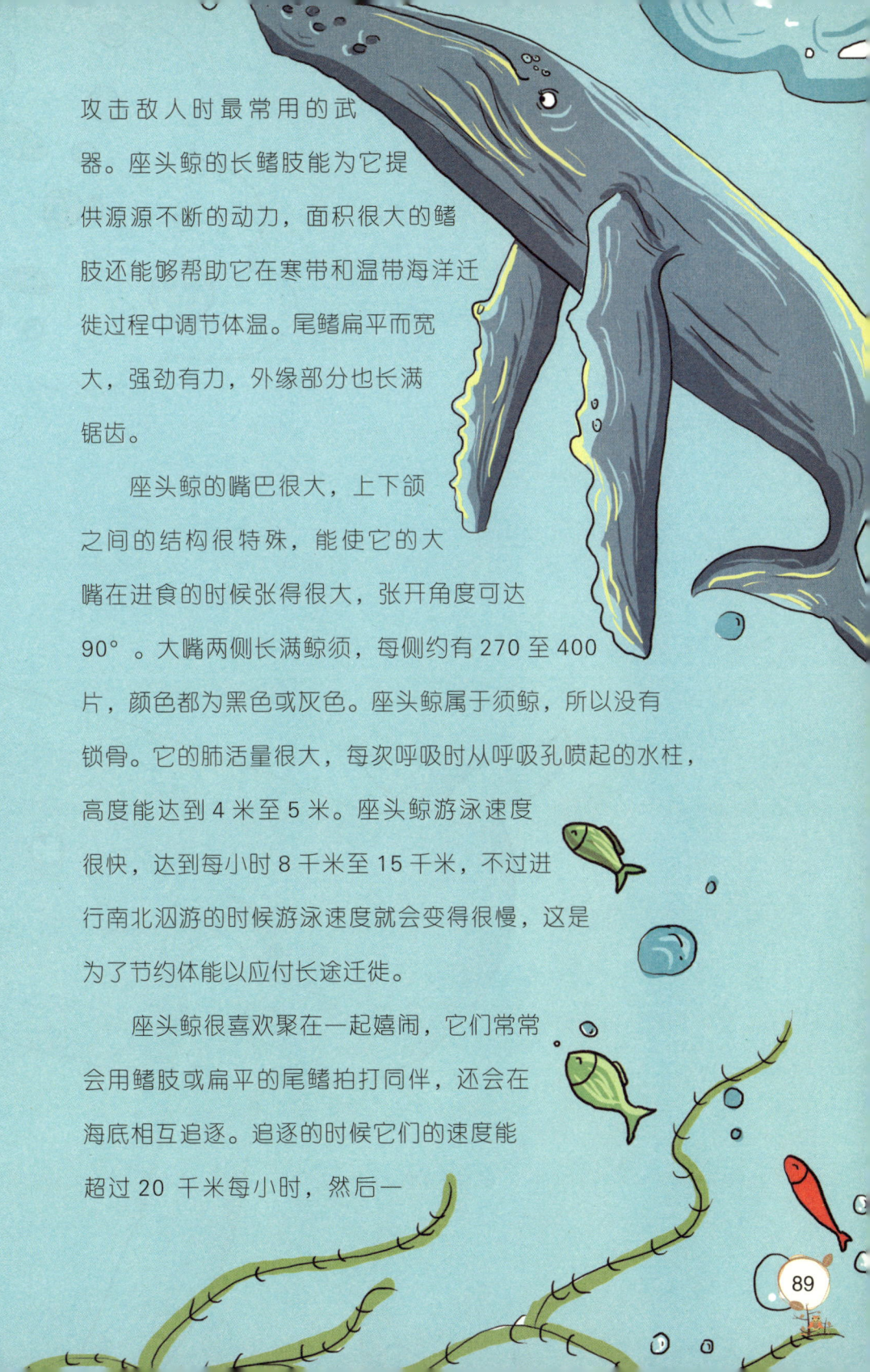

攻击敌人时最常用的武器。座头鲸的长鳍肢能为它提供源源不断的动力，面积很大的鳍肢还能够帮助它在寒带和温带海洋迁徙过程中调节体温。尾鳍扁平而宽大，强劲有力，外缘部分也长满锯齿。

座头鲸的嘴巴很大，上下颌之间的结构很特殊，能使它的大嘴在进食的时候张得很大，张开角度可达90°。大嘴两侧长满鲸须，每侧约有270至400片，颜色都为黑色或灰色。座头鲸属于须鲸，所以没有锁骨。它的肺活量很大，每次呼吸时从呼吸孔喷起的水柱，高度能达到4米至5米。座头鲸游泳速度很快，达到每小时8千米至15千米，不过进行南北洄游的时候游泳速度就会变得很慢，这是为了节约体能以应付长途迁徙。

座头鲸很喜欢聚在一起嬉闹，它们常常会用鳍肢或扁平的尾鳍拍打同伴，还会在海底相互追逐。追逐的时候它们的速度能超过20千米每小时，然后一个接一个的高高跃出水面，跳跃高度整整有两层楼之高，然后，它们以漂亮的姿势钻进水里，场景实在是美妙得无法形容。你会觉得体态庞大的座头鲸全都变成了技艺高超的杂技演员。不过，如今已经很难再见到这样的美景了，因为全世界只有4000余条座头鲸了，这也成了人们来大堡礁寻找座头鲸的重要原因之一。即便是在生态环境保护得最好的大堡礁，我们也很难再看到成群结队的座头鲸。

　　座头鲸只在夏天进行捕食，利用整个季节囤积足够的脂肪来供冬季的休养。每到夏天，座头鲸就会成群结队地去捕食小鱼和小甲壳动物。它们的捕食方式积极主动，也非常有趣，生物学家戏称其为"水泡网捕猎法"。抵达适合捕食的海域之后，它们并不忙着冲进鱼群大饱口福，而是先在鱼群下方绕着一个圆圈快速游动，同时利用呼吸孔往海水里喷气泡。这些气泡就像一张巨大的渔网扑向鱼群，受到惊吓的鱼群会聚合得非常紧密。这时候，盘旋在下面的座头鲸就会张开血盆大口冲向鱼群，一下子就能吞掉数吨重的小鱼。和

其他须鲸一样,座头鲸的嘴就像一个巨大的筛子,能把小鱼留在嘴里而让海水漏走。

在猎物数量巨大的时候,参与捕鱼的座头鲸数量会达到十几条,它们制造出来的水泡网直径可超过 30 米。不过,在猎物数量很少的时候,座头鲸也会进行单独觅食。

除了在合作捕食的时候会十几条聚集成团之外,在寻求配偶时座头鲸也会成群结队地聚在一起。它们这样聚集在一起,你认为是在合作行动吗?呵呵,那你就大错特错了,聚集在一起的十几条雄性座头鲸是在正围着一条雌性座头鲸进行"求爱大作战"呢。这样的行为往往会持续好几个小时,直到其中一只雄性座头鲸战胜所有竞争者为止,只有获胜者才会拥有与雌性座头鲸交配的权利。

座头鲸配偶之间的感情很深,它们实行"一夫一妻制"。雌性座头鲸每两年生育一次,和人类一样怀孕 10 个月后产下幼仔,每胎只产 1 只,所以成年座头鲸十分爱护它们的幼仔。座头鲸幼仔靠吸食母亲的乳液长大,其生长速度非常快,体重每天都增长 40 千克至 50 千

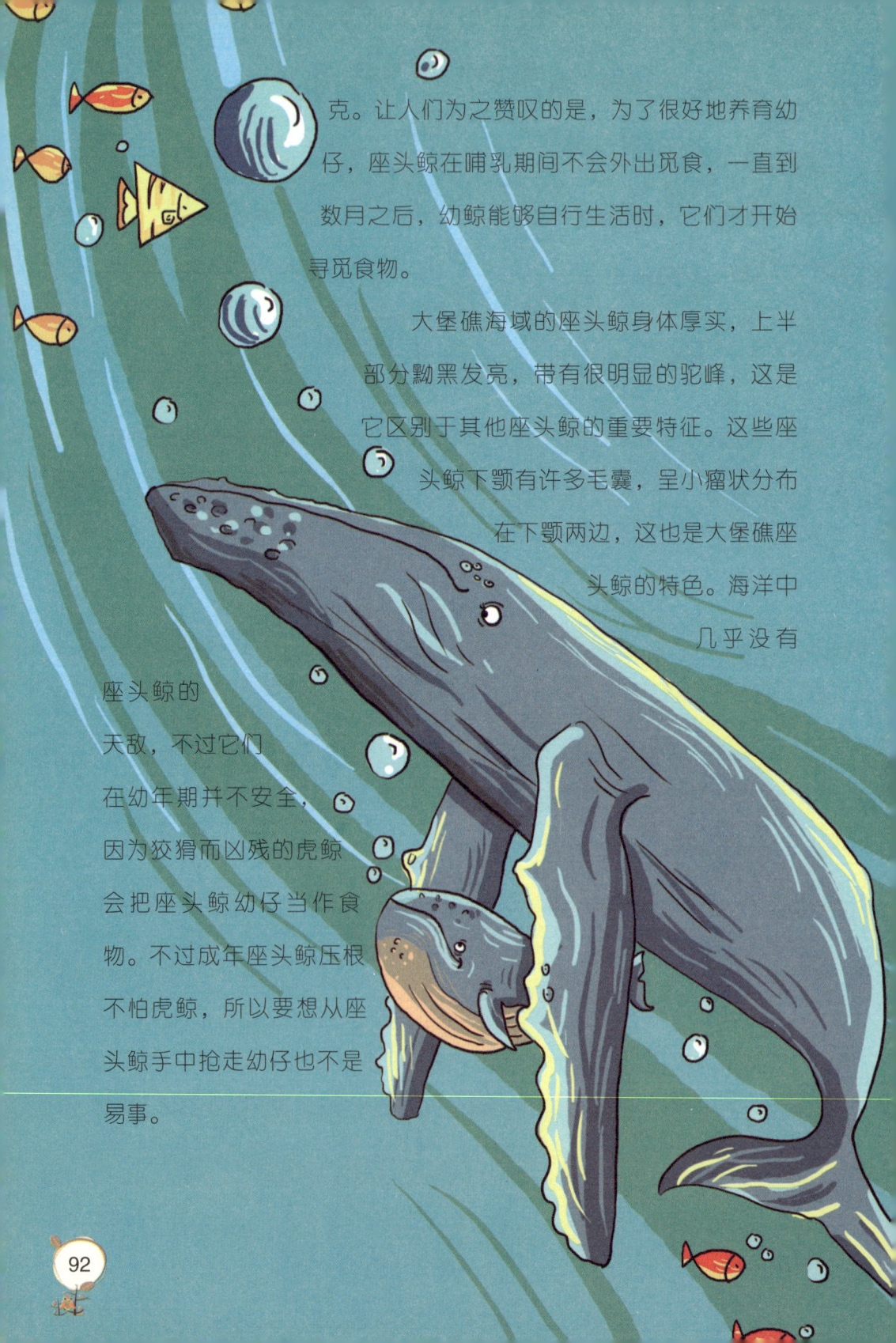

克。让人们为之赞叹的是，为了很好地养育幼仔，座头鲸在哺乳期间不会外出觅食，一直到数月之后，幼鲸能够自行生活时，它们才开始寻觅食物。

大堡礁海域的座头鲸身体厚实，上半部分黝黑发亮，带有很明显的驼峰，这是它区别于其他座头鲸的重要特征。这些座头鲸下颚有许多毛囊，呈小瘤状分布在下颚两边，这也是大堡礁座头鲸的特色。海洋中几乎没有座头鲸的天敌，不过它们在幼年期并不安全，因为狡猾而凶残的虎鲸会把座头鲸幼仔当作食物。不过成年座头鲸压根不怕虎鲸，所以要想从座头鲸手中抢走幼仔也不是易事。

知识百宝箱

海上霸王——虎鲸

虎鲸是一种大型齿鲸，属于海豚科。它身长8米到10米，体重约为9000千克，头部呈圆锥状，背部呈黑色，腹部灰白色。虎鲸的背部中央耸立着一个大而高的背鳍，背鳍的形状有高度变异性，雌鲸与未成年虎鲸的背鳍为镰刀状，成年雄鲸的大多如棘刺般，背鳍弯曲时约1米左右，直立长度可达1.8米。虎鲸嘴巴细长，牙齿尖锐，以凶猛著称，善于进攻猎物，以企鹅、海豹等动物为食。有时它们还袭击其他鲸类，面对像最大的食肉鱼类——大白鲨，它们也敢挑战。

第十四章

人类的活体屏障

这天，卡尔大叔讲道："对于我们来说，大堡礁是一处风景优美的地方；对于生物学家来说，大堡礁有丰富的海洋物种可供研究。"卡尔大叔停顿了一下，又问，"那么对于当地的澳大利亚人来说，大堡礁有什么重要意义呢？"

史小龙和帅帅抢着答道："当地人可以去大堡礁玩。"

秀芬回答说："因为大堡礁是鱼儿的乐园，所以大堡礁可以为当地人提供许多能吃的鱼。"

尤丝小姐在旁边笑了笑，提示道："你们说的都不错，不过还要往更多方面想哦。"

大堡礁纵贯澳大利亚东北沿海，是世界上最大、最长的珊瑚礁群，是透明而清澈的海洋野生王国，也是澳大利亚人最引以为傲的景观。因为大堡礁的存在，澳大利亚东北海岸的海洋生

物多样性得以保存，广袤的珊瑚海岸得以成为世界上最清澈的海岸线，所以大堡礁又被人们称为"伟大的澳洲之肺"。

对于澳大利亚人来说，大堡礁就像一道天然大坝，为他们遮挡住了来自太平洋的狂风巨浪。特别是居住在澳大利亚大堡礁海域的土著居民，他们对这一点是深有体会的。

从传统意义上来讲，珊瑚礁海岸一般被分成岸礁、环礁、堡礁三大类。岸礁同时又被称作边缘礁，是指那些紧靠陆地边缘生长的珊瑚礁群。这种珊瑚礁群不会与陆地形成潟湖。因为紧贴陆地生长，岸礁是陆地向海洋延伸的部分。每天傍晚退潮的时候，我们就能看到露出水面的岸礁。

跟平坦的岸礁不同，环礁是椭圆形和马蹄形的，中间部分有半封闭或封闭状态的潟湖或礁湖。环礁的内部骨架是厚达千米的造礁石灰岩，一些巨大的环礁底座则是玄武岩质海底火山。比如说如今的马尔代夫群岛和马绍尔群岛，就是典型的环礁地貌。

最后一种就是堡礁了，堡礁也被称作离岸礁，呈巨大的带状分布在离海岸较远的浅海之中。堡礁与海岸之间隔着一条非常宽的浅海潟湖，其深度一般不会超过100米，但宽度却能达到几十千米。堡礁都非常长，并且面积也很大，所以堡礁也被称为"陆地的保护带"。因为堡礁里面分布着错综复杂的礁岛和暗礁，能够很好地减弱海洋风暴的力量，使海岸线免遭海洋风暴的摧残。

澳大利亚的大堡礁正是如此，绵绵2000多千米长、几十千米宽的大堡礁就像是一条巨大的海洋大坝，挡住了来自太平洋的狂风巨浪，使大堡礁沿线的居民免遭海洋风暴的袭击。

大堡礁是一座庞大的天然渔场。因为珊瑚礁带抵挡住了太平洋的风浪，使得大堡礁海域及靠近大陆沿岸的浅海风平浪静，加上珊瑚群对水质的改造，这些浅海成为各类鱼虾的理想家园。我们都知道，在大堡礁海域繁衍生息的海洋生物达到万余种，这其中绝大多数都是可以供人类食

用的。比如说大堡礁海曼岛的酒店里就长期对外出售新鲜的大明虾，有时候人们还能享用到用海星、海参、海螺等诸多海鲜做成的大拼盘。

不过在澳大利亚建立起大堡礁海洋公园之后，曾经无比繁荣的海洋渔业渐渐衰落，那些点缀在大堡礁各处的小岛上已经看不见当年渔民们留下的痕迹了，换上的全是干净而漂亮的旅游建筑。

2004年，澳大利亚联邦政府与最后一百多家还在大堡礁海域从事海洋捕捞的商业公司进行谈判，希望这些公司能为大堡礁的生态着想，出售他们手中的商业捕捞许可证。值得庆幸的是，许多商业捕捞公司都愿意将他们的捕捞地点搬迁到渔业区，接受政府提出的补偿条件。如今，还在大堡礁禁渔区进行商业捕捞的公司已经寥寥无几了，

相信在不久的将来，这些公司也会退出历史舞台，把平静和祥和还给大堡礁。

大堡礁是举世闻名的旅游胜地，也是珍贵的世界遗产。在大堡礁海底生长的珊瑚外形奇特、色彩艳丽，受到工艺品收藏者的追捧。来大堡礁度假的游客在离开时大多都会去工艺品店买一小块珊瑚带回家。这促使一个新兴产业出现，越来越多的人投入到珊瑚的开采当中去。虽然这个产业为大堡礁居民带来不菲的收入，但却对大堡礁的生态环境造成了破坏。为此澳大利亚政府颁布法令禁止人们开采珊瑚，如今在大堡礁开采野生珊瑚是要受法律严惩的。

从古至今，大堡礁的角色不断转变，它曾是渔民的财富广场，曾是矿产商的聚宝盆，如今它又成为旅游业的新宠，不过大堡礁一直有一个身份——澳大利亚人的活体屏障。

第十五章 大堡礁上的居民

"你知道是哪些人居住在大堡礁上吗？"秀芬问史小龙。

史小龙想了一会儿回答说："澳大利亚人。"

帅帅吐吐舌头，说："你这话等于白说，根本就不算答案。"

这时，卡尔大叔走了过来，见三个小朋友在讨论大堡礁上的居民，就开心地笑起来，他正好搜集了一些相关资料，就让尤丝小姐拿过来给孩子们看。

大家都知道澳大利亚是个移民国家，如今管理着澳大利亚国家的是白人，他们是十七八世纪从欧洲移民过来的白人后裔。虽然白人是澳大利亚的管理者，但土著人才是澳大利亚真正的主人，他们是最先在大堡礁上安家落户的人。除了一些散居在各处岛屿上的澳大利亚白人之外，大堡礁上最多的居民就是土著人。

在大堡礁还未开发成旅游地之前的很长一段时期，大堡礁上的居民基本上是靠捕鱼为生的，长期的热带渔猎生活形成了特有的大堡礁文化。如今，大堡礁的岛屿上还保存着30多处古土著人生活的遗址。这些土著人从澳大利亚东北岸的陆地上迁徙过来，物产丰富的堡

礁让他们的采集和渔猎生活得以延续。

随着大堡礁海洋公园的建立,土著人渐渐抛弃了传统的采集和渔猎生活方式,他们开始融入澳大利亚白人的生活。现在,居住在大堡礁上的土著居民大多都从事旅游服务工作,他们为世界各地的游客表演土著舞蹈,出售手工艺品给各方游客。土著人能歌善舞,每到盛大节日到来的时候,各个岛屿上的土著部落成员都会聚集在一起,召开盛大的土著歌舞会。现在,土著居民的传统舞会得到大堡礁海洋公园方面的重视,成为旅游区固有的表演节目。

大堡礁土著居民保持了许多原始生活习惯,他们的部落被分为三个集团,即成年男子集团、成年女子集团和儿童集团。有一个非常有威望的长老团掌握管理部落的所有事物。部落议会不允许除长老团之外的人参加,就算有人被允许参与议会,也只能站在旁边听,不能发言和参与决策。土著儿童成年的时候需要进行成人礼，成人礼是所有土著男子一生中最重要的事情，标志着他们从此迈入成年男子集团。而且，只有经过成人礼的土著男子才有资格娶妻生子。

科学家普遍认为澳大利亚的土著人不是在澳大利亚这片大陆上进化而来的，因为这片大陆上的动物都没有进化成高级哺乳动物的形态。对于澳大利亚的土著人到底起源于哪里这个问题，科学家们认为澳大利亚土著人来自非洲，澳大利亚人的生活习惯、肤色和形体跟非洲人相似。至于非洲人是如何远渡重洋抵达澳大利亚的，目前尚无确凿证据很好地解释。

关于这个问题还有个有趣的小故事。

1839年，英国的罗伯特·菲茨罗伊爵士在宴会上向所有来宾宣布了他的重大发现，他说："澳洲土著人其实是非洲人的后代。"有宾客就开玩笑说："非洲人肯定是靠游泳抵达澳洲大陆的。"爵士郑重其事地回

答说:"事实上,非洲人是坐在船上被海风吹到澳洲大陆的。"

爵士的话引起了科学家们的注意,他们专门对此展开过研究。1847年,普查里德博士指出,非洲大陆离澳洲大陆何止十万八千里,非洲人坐在小船上靠风吹吹就能漂到澳洲去是不可能的,并且非洲黑人和澳洲土著人的脸型、毛发、眼睛等都不相同,所以澳洲土著人并不是非洲黑人的后代。后来,又有人提出亚洲人才是澳洲土著人的祖先,因为经过研究发现,澳洲土著人的基因中包含了大多数亚洲人的基因,比如说斯里兰卡唯达人的、高加索暗色人种的、印度托达人的、日本阿伊努人的,以及中国苗族人的等。

不论澳大利亚土著人是从非洲过来的还是从亚洲过来的,他们的确就是澳大利亚真正的主人,大堡礁上的土著人同样如此。大堡礁上土著人的历史甚至可以追溯到数万年前，相较于18世纪以后才来到这里的欧洲移民来说，土著人在澳大利亚生活的时间要长久得多。

在大堡礁上居住的澳大利亚白人基本上都是最近几十年内才搬迁过去的，他们是十七八世纪前后移民到澳大利亚的欧洲殖民者的后代。最先在澳大利亚东海岸开辟殖民地的是英国人，1770年发现大堡礁的詹姆斯·库克就是一个殖民者，他来到大堡礁所在的澳大利亚东海岸，并宣布那片地方归英国所有。他们在大堡礁上建造起灯塔，指引更多的殖民船来到这里。原本无忧无虑的澳大利亚土著人从此遭到殖民者的残酷压迫，因此在很长一段时间里，澳大利亚的土著人和白人之间的关系非常恶劣，因为白人的到来让土著人失去了所有。时至今日都还有很多土著人在向澳大利亚政府施加压力，希望能够拿回属于自己的家园。

知识百宝箱

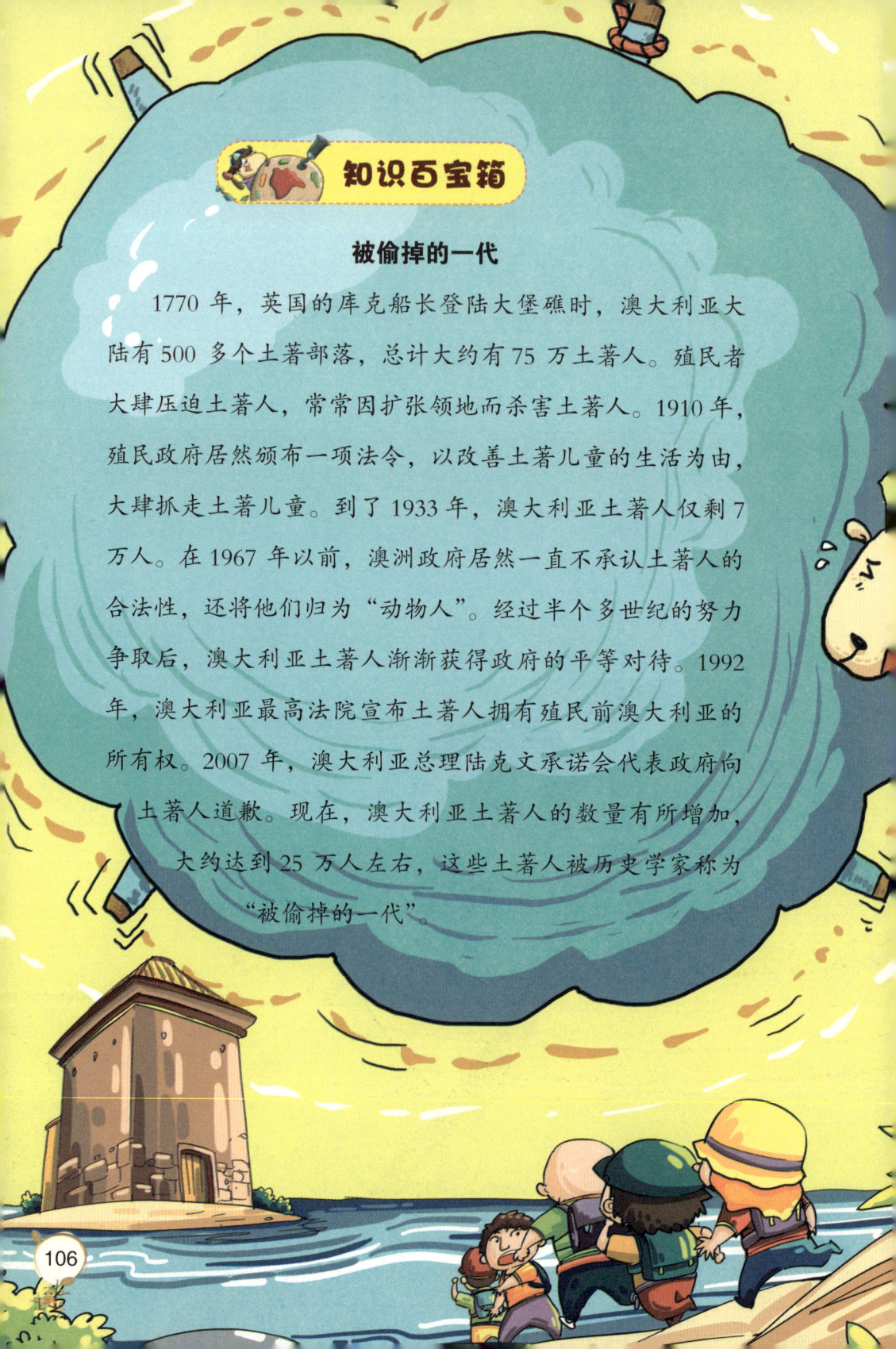

被偷掉的一代

　　1770年,英国的库克船长登陆大堡礁时,澳大利亚大陆有500多个土著部落,总计大约有75万土著人。殖民者大肆压迫土著人,常常因扩张领地而杀害土著人。1910年,殖民政府居然颁布一项法令,以改善土著儿童的生活为由,大肆抓走土著儿童。到了1933年,澳大利亚土著人仅剩7万人。在1967年以前,澳洲政府居然一直不承认土著人的合法性,还将他们归为"动物人"。经过半个多世纪的努力争取后,澳大利亚土著人渐渐获得政府的平等对待。1992年,澳大利亚最高法院宣布土著人拥有殖民前澳大利亚的所有权。2007年,澳大利亚总理陆克文承诺会代表政府向土著人道歉。现在,澳大利亚土著人的数量有所增加,大约达到25万人左右,这些土著人被历史学家称为"被偷掉的一代"。

第十六章
发达的旅游事业

史小龙这个暑假要去大堡礁玩,所以每天都对着帅帅谈论大堡礁的各种美丽。

秀芬听见后,想考考他,于是问:"你高兴成这样,知道大堡礁有哪些好玩的吗?"

史小龙拍拍胸脯说:"当然啦,去大堡礁玩一定要去海底看珊瑚礁,还要去看各种海洋生物、吃海鲜,总之有很多好玩的事啦。"

帅帅嘲笑道:"哈哈,你知道的就这些啊,看来你是看不到好东西了。"

史小龙说:"要不然你说说看有些什么好玩的?"

这时，卡尔大叔笑呵呵地走过来，说："澳大利亚大堡礁可以说是世界上最值得观赏的景区之一，那里的旅游项目可多着呢。"

1975年，大堡礁海洋公园建设被提上议程，美丽的大堡礁渐渐成为闻名世界的旅游胜地。大堡礁是地球上最大的珊瑚礁带，有各种珍奇的鱼类、珊瑚群，所以潜水欣赏珊瑚群和海洋鱼类成为大堡礁海洋公园最重要的旅游项目。大堡礁珊瑚礁带中的每一座岛屿周围都有向游人开放的潜水区域。有些潜水区免费开放，但要想去最热门的潜水区观赏艳丽多姿的珊瑚和珍稀海洋动物，就要购买门票了。

大堡礁的绿岛是最受游客欢迎的景点之一，这座岛上设立的潜水项目最多，比如说自助潜水、海底漫步、游泳、浮潜等。除了潜水之外，绿岛潜水码头上停留的数艘玻璃底游船也是不能错过的。这种游船是大堡礁海洋公园的特色，它的底部是数厘米厚的钢化玻璃，登上这种船出海，不必下船就能将大堡礁海底尽收眼底。中午时分，当灿烂的阳光照进大海的时候，透过玻璃船底，人们能够清晰地观察到大堡礁海底的一切。

有些礁岛上面有清澈见底的潟湖，潟湖里建有水上游乐园，不能去海洋潜水的儿童或老人可以到潟湖里游玩。

要是觉得潟湖里没有什么值得一看的话，那你就大错特错了。大堡礁的潟湖因为被环形礁岛包围着，很少受海洋风浪的影响，所以潟湖里面不会出现大风大浪，湖水也异常清澈，于是它成了龙虾、贝壳、海星、海龟等众多海洋动物的休养地。当你在潟湖里游玩的时候，一定要睁大眼睛了，因为偶尔会有身躯庞大的海龟游出水面晒太阳，你还能看到成群的或红色、或黄色、或紫色的海星懒洋洋地围在湖底的岩石旁边。

大堡礁的旅游项目远不止潜水这一项，这里有洁白的沙滩，有郁郁葱葱的热带雨林和专为游人建造的酒店和餐厅。大堡礁的每一座岛屿都是海鸟的天堂。特别多的是海鸥，大堡礁每一寸天空中都有海鸥飞翔。公园的建造者在每座岛屿上都开辟出供游人玩耍的沙滩，还在沙滩上建造了许多凉亭，游客若是在附近的浅海里潜水潜累了，可以慵懒地坐在凉亭里欣赏天空中翱翔的海鸥群。在每年的 10 月至次年的 3 月间，沙滩上会出现很多产卵的绿龟。

大堡礁的许多岛屿上都生长着郁郁葱葱的热带雨林，比如说绿岛和格林群岛。这些热带雨林已被管理方开辟成旅游区，不过热带雨林里的游览小路并不会真正地铺设到雨林的深处，而且每隔一小段路就会出现一个醒目的路牌提示游客不要

贸然闯入非游览区域。这片热带雨林里生活着许多野生动植物，设立警示牌就是为了保护这些动植物不受侵害。此外，热带雨林中的动植物虽好看，但却暗藏危险，这些警示牌也起着提醒游客注意人身安全的作用。

如今，大堡礁海洋公园管理方在每座岛屿上都建造了现代建筑，包括栈道、码头、游乐场、餐厅、商店等，一些面积较大的岛屿上还建有星级酒店。

大堡礁上保存着几十处土著人生活遗址，公园管理方在这些遗址上建立起博物馆和画廊，一方面能够很好地保护这些难得的遗迹，另一方面又能让游人很好地了解土著人文化。

此外，大堡礁上有许多灯塔，有的灯塔的历史甚至达几个世纪之久。这些灯塔已经成为文物，它们被公园管理方开辟成旅游景点。有些灯塔还在发挥作用，它们伫立在大堡礁上，以一个老者的姿态审视着大堡礁的每一寸土地、每一方海面。

"看来在前往大堡礁之前还是要多多学习呀。"听卡尔大叔讲完后，史小龙感慨地说。

秀芬问："那你还会不会在帅帅面前炫耀了呢？"

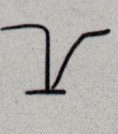

"不了,我还要进一步了解大堡礁呢。"史小龙笑道,"卡尔大叔再给我们讲讲吧。"

卡尔大叔说:"呵呵,知识是要慢慢消化才能吸收的,先好好消化这些吧。"

第十七章

美丽的圣灵群岛

刚刚放学，史小龙就拉着帅帅和秀芬跑到卡尔大叔家里，还没进门他就大声喊道："卡尔大叔，上次说好要给我们讲讲大堡礁的圣灵群岛呢，我们来啦。"

尤丝小姐迎上来，说："卡尔大叔正在休息，不过他昨天就准备好了大堡礁圣灵群岛的影像资料，我带你们去看看吧。"

大堡礁公园由有许多举世闻名的岛屿组成，而由小岛组成的圣灵群岛就是其中之一。圣灵群岛位于澳大利亚布里斯班北面的大堡礁海域，离海岸线大约1187千米，由74座珊瑚岛组成。74座珊瑚岛的大小、形状、风格各不相同，其中面积最大的一座叫作圣灵岛，这个群岛正是因此得名。

如果从布里斯班乘船去圣灵群岛的话，在抵达码头之前你就会被眼前的洁白海滩迷住，这片海滩就是圣灵群岛的门户——艾尔利海滩。艾尔利海滩上面是现代化气息非常浓烈的艾尔利小镇。艾尔利小镇是来圣灵群岛探险和度假的人最理想的落脚点。这里有很多商店和酒店，可以为游客和探险者提供住宿和娱乐场所。海岸边建有船舶停靠点，如果游客想去圣灵群岛周围探险的话，可以从这里乘坐帆船去10千米外的沙特海港游玩。

圣灵岛上的最高点也是一定不能错过的，登上这个最高点能将整个圣灵群岛尽收眼底。圣灵群岛中离澳大利亚大陆最近的一个小岛叫白日梦岛，这座小岛的面积非常小，但是它上面建造的娱乐设施却应有尽有，非常完善。

白日梦岛上最出名的旅游项目要数阳光SPA。建造在这里的旅馆全都开展了这项最美妙的体验项目。所有旅馆都设有露天看台，游客可以在看台上一边享受SPA，一边沐浴阳光，同时还能看到分布在岛上的高尔夫球场和宽阔的露天游泳场，这种感觉往往使游客以为自己正在做着美妙的白日梦，这座小岛也因此得名。此外，白日梦岛上还建造有电影院，做完"白日梦"的游客还能去电影院里享受一部好看的电影。

希曼岛是圣灵群岛中最富田园风格的一座岛屿。它的观光区基本上都建在珊瑚群里，除了潜水区和水上乐园之外，这里的超五星级度

假村是个不容错过的地方。

圣灵群岛中最大的旅游观光岛是汉密尔顿岛，这座岛非常适合喜欢户外运动的人游玩。岛上有著名的"一树山"观景点，还有一座建造在半山腰的结婚教堂——诸圣教堂。所以这座小岛也被称作"大堡礁之星"。

富克岛位于圣灵群岛的入口处，岛上建有咖啡厅、酒吧，以及

许多水上游乐设施。其中最著名的还是富克岛野生度假村，里面拥有宽敞的野营地、古老的木屋，以及非常舒适的旅馆。

离富克岛不远的南边有座小岛叫班顿岛，因为地势平坦，班顿岛周围形成了许多沙滩，其中7处已经被工作人员开辟出来供旅客游玩。沙滩上的沙子呈白色，摸上去手感凉爽，这也是班顿岛吸引游客的地方之一。离沙滩不远的陆地上生长着茂盛的棕榈树林，棕榈树林中间有许多平坦的小路，非常适合散步。另外，班顿岛上饲养着不少袋鼠，游客们可以一边跟袋鼠玩耍，一边享受岛上绿地。班顿岛离旁边的几座小岛屿都很近，而且在落潮的时候有些小岛和班顿岛之间的海水会完全退去，人可以步行走到其他小岛上去。说到这儿，你是不是很想亲身感受一下呢？

由风格各异、景色秀美的众多小岛组成的圣灵群岛是大堡礁的灵魂,也是大堡礁的商业枢纽。圣灵群岛拥有大堡礁最长的商业街,这条街虽然只有约 1000 米长,却开设有超市、酒吧、艺廊、餐厅、药店、学校、消防站和工艺品店等,可以说应有尽有。此外圣灵群岛还有两座机场、数十座码头,算得上四通八达。圣灵群岛是个非常适合人居住的地方,人们不需要离开群岛去陆地生活,岛上的设施满足居民的日常生活绰绰有余,难怪许多游客来到圣灵群岛后都不想离开了。

知识百宝箱

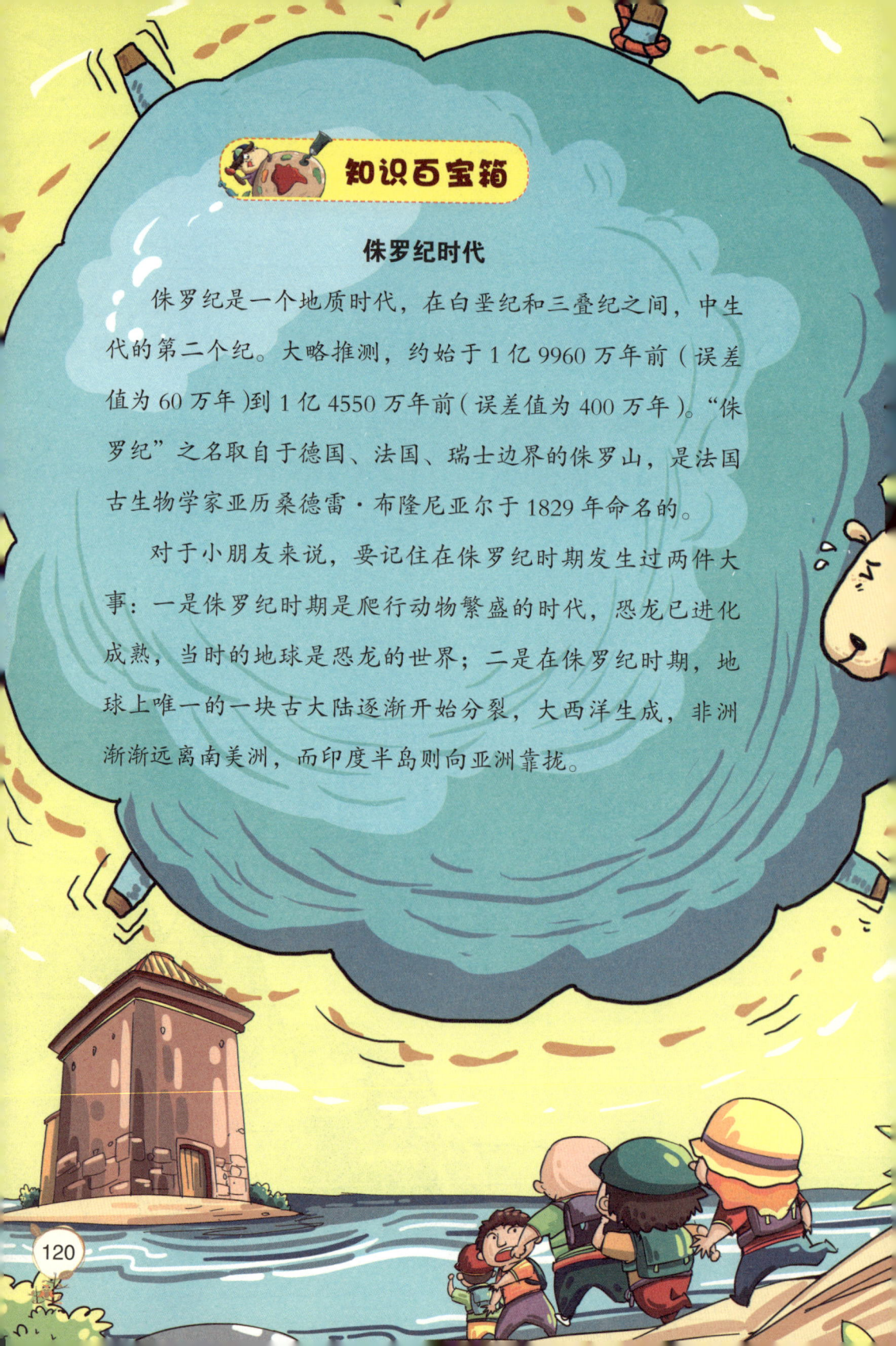

侏罗纪时代

侏罗纪是一个地质时代，在白垩纪和三叠纪之间，中生代的第二个纪。大略推测，约始于1亿9960万年前（误差值为60万年）到1亿4550万年前（误差值为400万年）。"侏罗纪"之名取自于德国、法国、瑞士边界的侏罗山，是法国古生物学家亚历桑德雷·布隆尼亚尔于1829年命名的。

对于小朋友来说，要记住在侏罗纪时期发生过两件大事：一是侏罗纪时期是爬行动物繁盛的时代，恐龙已进化成熟，当时的地球是恐龙的世界；二是在侏罗纪时期，地球上唯一的一块古大陆逐渐开始分裂，大西洋生成，非洲渐渐远离南美洲，而印度半岛则向亚洲靠拢。